KUWEI
酷威文化
图书 影视

La NASCITA IMPERFETTA *delle* COSE

[意] 圭多·托内利 著

何皓婷 译

宇宙的不完美进化

四川文艺出版社

献给卢恰娜

A Luciana

活着是一件非常严肃且危险的事

若昂·吉马朗埃斯·罗萨

为了拯救自我，人必须展开想象

沃尔特·博纳蒂

CATALOGO

前言

为了礼服尺寸焦虑和奔跑

斯德哥尔摩，2013 年 12 月 9 日下午 5 点 30 分

我必须跑起来。不久之后，位于比尔格·亚尔斯加丹街 58 号的汉斯·奥尔德[①]服装店就要闭店了。从斯德哥尔摩大饭店步行过去，有几千米远。我用邮件发送了所有的尺寸数据，已经好几周了，应该不会有什么意外，但我还是有些担心。天已经黑了。刚刚，斯德哥尔摩这里天还亮着。今天天气晴朗，阳光明媚。在－10℃的清新空气中，一切都闪闪发光。我只是对波罗的海感到失望：它并不像我想象的那么冰冷。我之前从未见过冰冻的大海，因此我曾希望这一次是合适的时机，可以一饱眼福。我曾一直梦想着这一刻。

去年夏天我在这里见过彼得·希格斯和弗朗索瓦·恩格勒。我们当时在斯德哥尔摩参加欧洲物理学会举办的大会，晚宴上，我们坐在同一桌。彼得坐在我和法比奥拉·贾诺蒂之间，弗朗索瓦在我对面，周围有许多朋友、同事，还有不少年轻人，他们专门过来同

① 汉斯·奥尔德，斯德哥尔摩当地的服装商，诺贝尔奖得主的 White Tie 礼服一般在此处定制或租赁。

我们打招呼、合影。当时我大胆地预测，我们年底会在这里再次碰面。彼得和弗朗索瓦斯笑了笑，什么也没说。

我是一名粒子物理学家，我的工作是测量物质在其最奇异的形态下所展现的最复杂的性质。但是把我的礼服尺寸传给服装店让我有些犯难。身高和颈围易于确定，但是裤长或腰围是什么意思呢？人们从哪儿开始测量裤腿的长度？量腰围的高度是到哪儿？为了不犯错，我转向我的妻子卢恰娜寻求帮助。她向我一一解释并让我安心，但我还是有些不安。如果全搞错了呢？他们早在 11 月就拿到我的尺寸了，应该已经做好了一件适合我的燕尾服。服装店将在一小时后关门，而颁奖典礼在明天举行。如果某一处出了问题，就没有时间修改了。

如果我没有穿着规定要求的正装，就无法进入斯德哥尔摩音乐厅[①]，这是一条限制。我连想都不敢想。每个人都认识我，他们知道我在这里，获奖者亲自筛选了人数极其有限的嘉宾名单。如果我不能参加诺贝尔奖的颁奖典礼是因为我不会用卷尺量衣服，我该怎么解释呢？

当我匆忙赶往服装店时，我的脑海里回溯起过去两年发生的事情。在我看来，我处在一连串飞速掠过的梦境中。我还是觉得不太真实。

---

① 斯德哥尔摩音乐厅，每年在这里举行诺贝尔奖的颁奖典礼。

1

敲响新物理之门的赌注

伏尔泰的微笑

费内－伏尔泰镇，2011 年 11 月 28 日

我早上 6 点 30 分就起床了。今天是个特殊的日子。决定性的时刻将在上午 9 点到来，那时我将站在欧洲核子研究组织（CERN）总干事法比奥拉的面前。我们是希格斯玻色子的猎人，它是物理学史上最难以捉摸的粒子之一。媒体称它为“上帝粒子”，其他人则将其重新命名为物理学的“圣杯”，因为几代科学家进行的所有研究都未搜寻到希格斯玻色子的踪影。我相信，我们已经把它圈住了。

现在我只需要一杯咖啡，而且是特浓咖啡。我从意大利带来的老摩卡咖啡机已经开始发出一连串我熟悉的嘶嘶声和喃喃声。和往常一样，我醒来第一件事就是在电脑上查看“宝宝”的状态。这是我们给紧凑渺子线圈（CMS）[1] 取的昵称，这个由 14 000 吨钢铁和电

① Compact Muon Solenoid，紧凑渺子线圈，欧洲核子研究组织（CERN）的大型强子对撞机（LHC）两大通用型粒子侦测器中的一个。

子设备组成的“野兽”由我负责，它在地下 100m 深、距这里 10km 远的地方，安静地采集着数据。

我是紧凑渺子线圈的发言人，这个实验项目的发言人，在大型国际合作中协调集体工作、组织研究。成千上万从事研究和校验工作的科学家们来自地球各个角落，跨越了所有时区，他们长期以来都在担心，一场愚蠢的事故可能会浪费多年的工作成果。

法比奥拉领导着另一项实验——超环面仪器（ATLAS）[①]，我们之间的竞争非常激烈。我们已经好几个月没睡好觉了。图表中的小信号、指示、异常会在我们的电脑上持续出现几天，它们会经受一周的检验，或是两周。然后，正当我们要开始相信结果的时候，它们却无情地消失在了背景噪声的波动中。这是一项令人沮丧的工作，充斥着不间断的检查和验证、没完没了的紧张和波动的情绪。

当我五年前加入这个实验的管理时，卢恰娜和我从比萨搬到了这里。我们一起决定住在费内－伏尔泰镇，这是一个围绕着伟大哲学家的房产而建的法国小镇。从卧室的露台上，我们可以看到伏尔泰书房的窗户，书房位于山中的城堡里。就是在那间屋子里，伏尔泰创作了《老实人》[②]。在那里，他接待了亚当·斯密和贾科莫·卡萨诺瓦等客人。一条林荫大道从城堡直接通往莱芒湖。每当法国的审查制度变得更加激进时，伏尔泰就坐上马车沿着林荫大道驶去——

①A Toroidal LHC ApparatuS，超环面仪器，超环面仪器，欧洲核子研究组织（CERN）的大型强子对撞机（LHC）两大通用型粒子侦测器中的一个。

② 短篇小说《老实人》写于 1759 年，是伏尔泰哲理性讽刺小说的代表作。

他要搬到日内瓦住几个月，一旦事情平息下来，他就回来。

费内－伏尔泰镇战略性地坐落在一个三角形的中心，这个三角形的顶点定义了我在这里的大部分生活。其中一个顶点是欧洲核子研究组织的所在地，我的办公室和紧凑渺子线圈的总部也在此处。另一个顶点是五处，也就是 P5，探测器就在这里，位于侏罗山脉斜坡上的一个小镇——赛西。最后一个顶点是日内瓦这个国际化小城市，居住着来自 180 个不同民族的 20 万居民，有极其丰富的文化生活。

大型强子对撞机（Large Hadron Collider）就在这下面。大型强子对撞机是世界上最强大的粒子加速器，它在日内瓦附近的法国和瑞士交界处地下 27 千米的地方运行。它在地下画了一个巨大的圆圈，穿过侏罗山脉的斜坡到达湖岸。在这里，在我们的脚下，数千亿的质子被加速到与光速无异的速度，然后与相反方向运行的其他质子碰撞。质子是构成原子核的微小粒子，与我们的日常生活相比，它们碰撞产生的能量微不足道，但在那里，集中在这些碰撞发生的无穷小的空间里，它们创造了自大爆炸[①]（il Big Bang）以来从未出现过的极端条件。

现在我得出发了。像往常一样，我急急忙忙地出门了。天朗气清，勃朗峰在天空的映衬下显得格外醒目，峰顶被一缕缕云雾环绕着。我处于一种奇怪的状态，既疲惫又兴奋。

① il Big Bang，即“大爆炸宇宙论”，也叫“宇宙大爆炸理论”，是现代宇宙学中最有影响的一种学说。它的主要观点是认为宇宙曾有一段从热到冷的演化史。在这个时期里，宇宙体系在不断地膨胀，使物质密度从密到稀地演化，如同一次规模巨大的爆炸。

在车里，经过镇中心时，我看到了伏尔泰的雕像。这位古老的哲学家，在费内镇仍被称为“族长”，他被描绘成一个对历史事件持怀疑态度的见证者。今天，我无法抑制我的激动之情，我觉得伏尔泰在看着我，冲着我微笑。从费内镇到欧洲核子研究组织，这段路上的风景一一飞速掠过，我的脑海里只有一个想法：我们成功了！

我不禁想起了法比奥拉。我们的实验项目，超环面仪器和紧凑渺子线圈，从一开始就被认为是独立的。两个项目均获得了批准，所以每个人都尽最大的努力以期率先取得成果。这两个实验项目使用不同的技术，以确保测量数据的完全独立性：如果其中一项实验发现了新粒子，另一项实验必须能够确认结果。两个项目都是汇集了 3 000 多名科学家的国际合作项目。但是“负责超环面仪器项目的人”，从一开始，就比我们更强大、数量更多、资源更丰富。超环面仪器一直是班上的第一名。施工期间，他们总是按时完成进度，而我们却始终滞后。当我们还在疯狂地安装最新的探测器时，他们收集数据的准备工作早已就绪，等待好几个月了。超环面仪器的控制室美观、大方、宽敞，配备了最先进的显示技术；反观我们简朴的控制室，几乎像修道院一样，总是挤满了人，而且很杂乱。要抵达紧凑渺子线圈，你必须在乡间开车 10km，而超环面仪器就在欧洲核子研究组织的正门前。超环面仪器位于去机场的必经之路上，无论谁路过都会看到一幅巨大的壁画，它装饰着这座建筑的一整面墙壁。路过的部长、总统和国家元首经常决定去参观超环面仪器，而不是我们那里。

对此，我们的反应是尝试更快地分析数据并得到结果。我们可以指望使用一种更简单、性能更卓越的检测器。在运营的第一年，我们把对手击溃了。我们狂喜地发表了几十篇文章，而他们在苦苦挣扎，每个人都在想班里的尖子生发生了什么。随后他们进行了反击，而现在我们发现，我们在争夺希格斯玻色子的最后一场竞赛中并肩作战。

法比奥拉是一位杰出的物理学家，也是一位天生的领导者。她也是意大利人，我们是多年的好朋友。有时我们和共同的朋友一起聚餐，度过非常愉快的晚上。我们什么都谈，除了一个例外——那件事。在某些方面，我们是完全相反的。她出生在首都，来自一个中产阶级家庭：父亲是地质学家，母亲是文人，她在米兰最好的学校上学。我出生在阿普安阿尔卑斯山的一个偏远村庄——埃奎泰尔梅，有 287 名居民，是卡索拉-因卢尼贾纳镇的一小部分。我这个铁路工人和农民的儿子是整个工人和工匠家庭中第一个获得文凭的人，更不用说学位了。法比奥拉是软件和分析专家，而我是探测器专家。她非常认真，很有自控力，但从她的眼神里你可以看出她的紧张。我能更好地掩饰紧张：我总是看起来很冷静，即使在最困难的情况下我也会试着微笑。她细致而有条理，她经常担心我忽略的细节，因为我对大框架更感兴趣。我们很不一样，但我们很快就能互相理解。有时候，一个眼神就足够了，我们之间有一种深厚的信赖。我们对知识有炽烈的热情，在竞争中诚实正直。无须提醒，我们都会为了率先完成任务而竭尽全力。赌注实在太高了。两个项目中的每个人都想赢得比赛，但这是一场没有花招的比赛，谁跑得更快谁就是赢家。

当我按下500号楼的电梯按钮时，我有点激动。总干事的办公室在五楼。我进门的时候是早上8点58分。法比奥拉已经在那里了。现在已经是最终局，我们要摊牌了。我们已经收集到了一些线索，但还没有确凿的证据。他们处在什么阶段呢？我们之中谁能抓住这个世纪性的发现？而谁将不得不投降或屈居第二，责备自己的实验被遗忘？但我们真的抓住了希格斯玻色子吗？为什么这个该死的"上帝粒子"如此重要呢？

夸克、胶子、大爆炸和茶匙

我们是现代探险者中一支奇特的侦察队。我们的目标是了解物质宇宙的奇迹来自何处，物质宇宙包围着我们，而我们是组成它的一部分。我们是人们所称的科学家，是人类派出了解自然运作的前线特种知识部队。我们头脑灵活，充满好奇心，不带偏见，随时准备迎接任何意外，我们能意识到——要把世界划分到我们的精神范畴——需要摆脱一切常识的桎梏，并向未知领域冒险前进。在知识的边缘，你会发现自己独自一人，在一个只有诗人的直觉和疯子的声音回荡的世界里。他们是唯一的，像我们一样的人类，不怕探索未知的地方。因此，我觉得他们很亲近。在某种程度上，他们陪伴着我，因为他们勇敢，他们喜欢冒险，他们不害怕让思想接近那个边界，为了真正了解我们和我们周围的世界，探索边界是必要的。

我们，和他们一样，也是走钢丝的人，在没有安全钩的情况下在钢丝上奔跑。

我总是从上课的第一天开始，就向我的学生解释这一点。我试图从他们那里夺走他们所拥有的为数不多的确定性。现代物理学告诉我们的、让我们理解的一切，都只是现实的一小部分。物质，所有的物质——羊角面包和大海，树木和星星，所有的星系和星际气体，黑洞和宇宙背景辐射的残留物，总之，我们能够假设的一切或直接用功能最强大的望远镜和最现代的科学仪器所观察到的，只占整个宇宙的 5%。剩下的 95% 对于我们来说是完全未知的。

这就是所有现代科学的归结：几个世纪的学习和研究，诸如量子力学和广义相对论等概念革命，一种源于对日益复杂的技术控制而产生的广泛的全能感……但最终，充其量只是几滴知识散落在茫茫无知的海洋中。

这是我们职业的美。有趣的是，每个人都以为我们很博学，而我，每一次都在内心偷笑。我尽我所能地解释，唯一让我们有所不同的是一种微妙的意识。我们只是更清晰地意识到我们的无知有多么巨大。我们发表声明时更加谨慎。我们知道自己可能会犯错，即使是与总体框架不一致的最小细节，我们也会给予重视。

当我试图说明，对于一个科学家来说，我们通常所说的“现实”是一个虚假的概念，很难去严格定义的时候，看到那些听我讲话的人眼中露出的惊奇时常让我感到有趣。即使是我们充满信心前进的日常现实，也比乍一看上去复杂得多。我们在喝咖啡时搅拌糖所用的茶匙是我们熟悉的东西。如果我说我是一个物理学家，但仍然不太明白我们称之为茶匙的东西是什么，每个人都会认为我疯了。如果我试图准确地描述它，那不可避免地会遇到严峻的困难。一个茶匙是由大量的原子组成的，这些原子交换着电磁相互作用的剩余化学键，并将其自身组织成穿过无数个单独微观层的宏观结构。持续不断的夸克和胶子，也就是我们在加速器中创造的粒子，沉浸在连续而混乱的电子流中。然后原子振动，旋转变化，分子蒸发，杂质沉积，不同波长的光被吸收再重新发出，与宇宙其他的部分进行电磁和引力相互作用。这个描述与常识下的短语很难调和，诸如："一茶匙就是一茶匙"，"这是一块金属，其造型便于将少量的饮料送到嘴里"等。这很难让人们信服，即使你动作非常快，你拿起的茶匙也永远不一样，仅仅将视线挪开一瞬间，你也不能确保，你看到的这个在杯碟边缘的茶匙和刚刚浸入咖啡的那个恰好是相同的。

更不用说繁星点点的天空了。每个人都在抬头仰望的那个星空，即便只是为了寻找圣劳伦斯之夜的英仙座流星。恋人和孩子们仰着头，对着银河系的星群，一代又一代，重复地向他们的父亲或祖父询问同样的问题，就像我的孙女埃莱娜一样，她四岁时问我：这些在天空中的小灯是什么？

这是一个好问题，星空的现实。我们所看到的仅仅是简单的东西——它是光信号的叠加，同时到达我们眼睛的光信号来自分布各处且距离各不相同的星星。量子物理学告诉我们，光是由不可分割的微小能量粒组成的，我们称之为光子。它们的速度，也就是光速，尽管速度很大，但不是无限大。当我们观察这些遥远的星星时，那些撞击并激活了分布在我们视网膜上的光敏细胞的光子，其实已经传播了很多年；有些来自最遥远的星系，已经传播了数千年。我们的大脑重建的图像是星星发出光的那一刻（也许是几千年前）的图像。在此期间，没有人能保证这颗星星没有移动数十亿千米，或者没有死亡，这使超新星的爆炸成为天空中的壮阔景象。每天晚上，在我们的头顶，都有同步的现象呈现，这些现象彼此之间相隔数千年。因此突然间我们意识到所看到的东西并不存在，至少不以在我们看来的形式存在。我们的大脑重建了一个主观臆断的“现实”图像，我们知道这取决于我们观察的地点、时刻和观察所用的仪器。

当罗马帝国在野蛮人入侵的打击下开始摇摇欲坠时，来自遥远星星（如天鹅座的萨德尔）的光子开始了它们的旅程。V762 是仙后座中的一颗超巨星，它是在第四纪冰川形成时释放出来的，当时覆盖欧洲的冰层有数百米厚。甚至仙女座星云（肉眼可见的为数不多的星系之一）发出的微弱光线，也开始了它的旅程，当时在非洲的奥杜瓦伊峡谷，一种新的非常奇怪的猿类在大草原上的居住范围开始越来越广阔。

更不用说那些肉眼无法看到的东西了，比如宇宙背景辐射[①]——大爆炸的残留物——弥漫整个宇宙，或者暗物质弥漫了一切，并通过紧紧拥抱，一起形成巨大的星系团。我们用来扫描天空的电子眼、

① 宇宙背景辐射（il fondo di radiazione cosmica）又称为“宇宙微波背景辐射”（CMBR）或“遗留辐射”，是来自宇宙空间背景上各向同性的微波辐射。

大型地面望远镜或卫星上的望远镜，给我们提供了同一片天空非常不同的图像。这些图像基于其他波长，比我们肉眼在受限的灵敏度下所能重建的图像更为丰富、细致。虹膜的频谱，可以让人分辨彩虹，而事实上，它只覆盖通常电磁波频率范围内一个很小的波段。电磁波（随着频率的增加，波长相应减小）可以分解为无线电波、微波、红外线、可见光、紫外线、X 射线和伽马射线。

在我们看来，天穹就是一台巨大的时间机器。没有人会对此感到惊讶，没有人会睁着眼睛观赏每天晚上都在重复而且肯定会发生的景象。如果走在多罗米蒂山脉的一个小山谷，我们会看到：左边有一群放牧的奶牛；中间，赫鲁利人部落的首领奥多亚塞在拉文纳将西罗马帝国灭亡；右边，在一个巨大的冰川上，我们的一群祖先穿着毛皮，在狩猎最古老的标本之一——一头猛犸象。

现实与它所表现出来的非常不同，比我们所能感知到的要复杂得多。科学已经在努力回答最简单的问题，也就是人类从自身的婴儿期以来就一直在自问的问题：这一切从何而来？第一个困难源于这样一个事实——我们今天生活的宇宙与产生万物的宇宙大不相同。我们很幸运地发现自己身处宇宙中一个温暖宜人的角落，而宇宙总体上非常寒冷。它的平均温度约为 −270°C，比绝对零度[①] 高出几度，这是人们可以设想的最低温度水平。相反，宇宙刚诞生的时候，它是你能想象到的最炽热的物体，如此炽热而动荡，甚至给它的温度

① 绝对零度是热力学的最低温度，是粒子动能低到量子力学最低点时物质的温度。绝对零度是仅存于理论的下限值，其热力学温标写成 K，等于 −273.15℃。

下定义都会带来很多困难。

我们也知道宇宙非常古老。最近的研究表明它有138亿年的历史。那么，我们怎么能仅仅通过观察我们周围寒冷而古老的物质来理解它的起源呢？早期宇宙的条件太不一样了，起源时在极端温度条件下物质的行为也太不一样了，以至于我们无法理解最初发生了什么。

另一方面，我们别无选择。如果想要掌握物质的起源并充分理解其特性，我们必须试着回到最初的时刻。虽然概念上的赌博是巨大的，但收获的是对世界的理解。

一切都始于真空的微小波动。这是一种平淡无奇的、难以察觉的量子涨落，是在微观世界中不可避免地发生的涨落之一，原则上是众多涨落之一。这种特殊的涨落有一些特点，它让位于一些非常特殊的事物：它不是像其他无限的东西那样立即闭合，而是以惊人的速度立即膨胀，一个具有巨大规模的物质——宇宙诞生了，并随即开始了它的演化。如果我们理解了婴儿宇宙生命的最初时刻，与现在古老、冰冷的宇宙如此不同，也许我们也能了解宇宙将来会发生什么。

这就是要建造大型强子对撞机的原因，类似于人类能够创造宇宙生命的第一刻，为了探寻周围仍然存在的问题以及我们知之甚少的问题的答案。

于是便有了光[1]

从最新的研究中得到的图片绝对是惊人的。在生命的最初时刻，宇宙经历了一个我们称之为“宇宙暴胀”的阶段，这是一种至今仍无法解释的现象，它在非常短的时间内，10^{-35}s，即 0.00000…001s（其中包含 35 个 0），将一个微小的异常变成了一个巨大的东西。

膨胀是一个众所周知的术语，用来描述经济中价格的增长，让人想起某种事物膨胀的概念，但这里它描述的是一种以惊人的速度呈指数增长的现象。它发生在大爆炸后的最初时刻，那时我们的宇宙在大小上仍然微不足道。这是一件非同寻常的事情。

突然间，一种非常特殊的粒子，按惯例我们称之为“暴胀子”（inflatone），占据了舞台中心。从那一刻起，一个强大的进程被触发。在微观奇点中，这个奇异的物质产生负能量压力，也就是说，它把一切猛烈地推向外部。膨胀涉及一切，甚至空间：真空的结构开始扩张，慢慢滑向一个势能真空（局部能量最小）——就像一个球在下陷中滚动以寻找平衡的条件——宇宙在每一点都以膨胀的形式释放多余的能量。这是一种非常高的能量，在膨胀过程中基本上保持不变，因此进一步膨胀的动力持续存在，并且规模的增长呈指数级。在几分钟内，从无到有。然后，突然间，以一种仍待澄清的方式，这个系统离开了它所在的真空，并迅速下降到另一个更稳定的低能

① E la luce fu 出自《圣经・旧约・创世记》。

量处，在那里它依然存在。这种突发性增长会消退。在极短的瞬间，在找到合适的最小值并稳定下来的时候，那个一开始微不足道的微观物体就变成了一个巨大的东西。在超高速膨胀时，它会冷却；当它平静下来，它会再次变热，在这个阶段，它会充满新的粒子，与我们今天所知的粒子大体相似。动荡的诞生时刻让位于一个更加缓慢的演化过程，一个将持续数十亿年的渐进膨胀的过程。

宇宙的起源已经经历了暴胀阶段，这仍然是一个在热烈讨论的问题。这一理论在 20 世纪 80 年代早期提出，而决定性证据还未被发现，一个确凿的，能毫无疑问地证明该理论正确性的证据。然而，推动这一解释的证据有多种多样。事实上，这种爆炸式的增长一下子解决了所有影响旧理论的矛盾。它解释了为什么宇宙在任何方向上都那么均匀和统一；为什么我们生活在一个没有磁垄断的世界里；那些电磁北极或南极各自隔离开来，这使电磁方程完全对称，并且大爆炸理论预测它们在我们周围的某个地方。

最令人信服的论点是，过去 30 年收集的所有数据以一种令人惊讶的方式重现了该理论的预测。

在某些方面，今天仍然可以看到暴胀的结果，令人难以置信的同质性的宇宙背景辐射，低能量光子海洋占据了所有空间，并且保留了生命最初时刻的明确痕迹。宇宙就像化石一样，向我们展示了数十亿年前发生的所有细节。

现在，人类所能想象的最灵敏的仪器正对宇宙背景辐射进行极其详细的研究。到目前为止，卫星已经收集了最精确的数据，如果我们的眼睛能看到普朗克望远镜所观察到的，那么我们就能看到我们上方天空的美妙图像。首先，我们会看到一种难以置信的同质性，这只能通过承认我们周围的一切都是无限小尺度中一个点膨胀的结果来解释。由于宇宙辐射的微小温度波动，我们也会看到颜色的膨胀。这些是万物起源中微小起点的量子波动留下的化石痕迹。简而言之，如果我们能用普朗克望远镜的视角来观察天空，我们就会看到原始真空中那个小角落的图像，它由于暴胀而无限膨胀，形成了我们的整个宇宙。

然而，究竟是什么导致了宇宙暴胀，这仍然是现代物理学中最深奥的谜团之一。

迷失于多元宇宙[①]

如果我们接受宇宙已经经历了一个膨胀阶段的想法，那么没有人能保证我们这里发生的事情到处都发生过。事实上，我们可以很自然地进一步飞跃，想象我们的宇宙只是一个更大现实的一小部分。

我们的可观测范围有限，我们无法与宇宙之外的其他区域进行交流或联系，但我们知道它们可能存在。如果我们承认这个假设，

① 多元宇宙是一个理论上无限个或有限个可能宇宙的集合，包括了一切存在和可能存在的事物：所有的空间、时间、物质、能量，以及描述它们的物理定律和物理常数。多元宇宙所包含的各个宇宙被称为平行宇宙。

我们的地球就不再是一个特别的奇点了。我们将成为一个由无数宇宙组成的大家庭的成员，有些人估计平行宇宙的数量可达到惊人的 10^{500}，即一个 1 后面跟着 500 个 0！如果是这样，我们就有理由认为，产生膨胀的机制在某种程度上总是活跃的。它可能正在我们宇宙的某个遥远的角落发生。如果在一个微观区域，由于一个未知的原因，推动暴胀的场没有发现最小的势能来平息它的能量，另一个宇宙将从那里诞生，然而，我们却无法与之沟通。

通过这种方式，我们可以想象出一个由大量世界组成的超宇宙世界。在大多数情况下，超宇宙世界中有规律发生的真空微观波动会立即闭合，不会产生任何东西。然而，在某些情况下，这种真空微观波动也会触发形成其他宇宙的膨胀增长；有些宇宙可能会有一个长期的演化，在某些方面与我们的宇宙相似，但可能有着完全不同的物理定律。

目前这些仅仅是推测，离得到实验证实还有很长的路要走。这些想法非常有趣，它们使我们进一步远离传统观念，这种观念主张人类在宇宙中占有特殊地位。起初，我们以为一切都围着我们的星球转；然后（费了很大的劲）我们把太阳置于世界的中心。当我们意识到太阳是一个无名星系的次要恒星，它（寿命大约 1 000 亿年）是宇宙中众多星星之一，我们对于生活在一个独特的宇宙仍感到庆幸，这个宇宙诞生于一场不可重复的名为“大爆炸”的事件。现在，多元宇宙理论似乎连这些最后的确定性都剥夺了，让我们独自去别处寻找我们在这一切中扮演角色的理由。

暗物质之谜

我们的宇宙隐藏着其他的秘密，这些秘密会动摇我们的确定性和理论。即使是宇宙中最常见的物体——星系，也脱离了我们理解的一些基本方面。观察在最外围螺旋星系中恒星的速度，如我们的银河系，不可避免地得出结论：除了可见物质外，它还包括恒星、尘埃、星云以及似乎总是存在于恒星中的大黑洞——这些星系肯定包含大量的未知成分。否则，外围恒星将无法以观测到的速度运动，它们的速度应该要慢得多。其结果是：一种无形的、无法解释的物质，它不发光，因此被称为“暗物质”。它将星系完全包裹住，一种我们完全不知道成分的巨大而稀薄的气体充满了星系所占据的所有空间，并以巨大的尺度充满了周围的空间。

更令人惊讶的是对大型星团的观察。星系实际上有点像我们，它们喜欢以家庭的形式存在：由数十个或数百个相对接近（当然，以宇宙规模衡量）的成员组成的星系团。我们已编目了数千个星系。一看到它们，物理学家首先会问自己：是什么将它们连在一起的？答案似乎显而易见：引力，即星系间相互吸引的力量。当你进行数学运算时，你会发现无法计算。星系的可见质量，即我们可以观测和测量的发光质量，实在是太小了。我们仍然需要假设一种未知和不可见的物质形式来解释这些巨大构造的稳定性。这是一种无处不在的神秘物质：在星团中，在单个的星系中，在所有的恒星和行星周围，甚至在此时此刻，在我们周围，在我们家中的房间里。

暗物质的纤维延伸了数十亿光年，就像一个宇宙网，包裹着可见物质集中的微小区域。正是这种神秘物质形式最初的非均质性，才产生了第一批恒星的星团聚合，大约发生在大爆炸之后4亿年。然后第一批星系的演化标志着其他的一切，直到太阳系、行星，乃至最终我们地球的形成。最新的研究告诉我们，这种看不见的、无所不在的物质占了宇宙总质量的27%。我们周围的物质世界四分之一以上是由这种黑暗而神秘的物质构成的，不得不承认我们对它的构成一无所知是很尴尬的。

超对称[①]的魅力

自从证明暗物质存在的证据成倍增加，理论家们提出了许多可能的解释。发展出来的理论彼此截然不同。超对称是其中最引人注目的理论之一，它受到了物理学家的追捧，因为超对称与暗物质一起，可以为许多其他问题提供一个优雅的解释。

超对称实际上是一系列理论的集合，其假设是已知的物质是大爆炸产生的原始物质的一部分。该理论预测，每一个已知的粒子都有一个超对称伙伴，一个在各方面都与之类似的粒子，除了质量要重得多且有不同的自旋（一个属性，在某些方面类似于绕轴旋转，但

① 超对称是费米子和玻色子之间的一种对称性，该对称性尚未在自然界中被观测到。物理学家认为这种对称性是自发破缺的。

它是粒子的内在属性，比如电荷）。

为了避免记忆紧张，物理学家们已经决定——除了少数例外——把这些超对称性伙伴命名为与已知粒子相同的名字，只需在它们前面加一个“超”（S）字。因此，电子的伙伴被称为超电子，顶夸克的伙伴被称为超顶夸克。为了让一切更吸引人，为了用一种通用的方式来描述超对称理论，我们使用了缩略词 Susy，它看起来像一个女孩的名字。

这一理论内在自洽，与所有的观察结果一致，因此必须认真对待它。为什么在我们周围的物质中没有超对称粒子的痕迹呢？很简单：这些粒子在早期宇宙中与普通物质的比例相等。那个白炽的宇宙是一个绝对有利的环境，适合存在如此大质量和高能量的粒子，但是膨胀的宇宙迅速冷却导致了超对称的大规模灭绝。由于无法生存，它们几乎立即解体在普通物质中，因此，我们周围已经没有了它们。事实上，所有超对称粒子都可能湮灭。除了一个例外。事实上，该理论预测，超对称粒子中最轻的物质是稳定的，它不会衰变成任何东西。这种粒子可能是超轻中微子的超对称伙伴：它被称为超中性子（neutralino），它与其他形式的物质基本不会相互作用，但它非常重，可以建立能够产生强烈引力的巨大星团。当我们观察一个星系或星团时，我们可以找到一个解释——将这些巨大的宇宙结构维系在一起的暗物质可能是一种重中性气体，是超对称物质主宰世界的原始时代遗留下来的化石残留物。

在寻找暗物质起源的过程中，我们可能会遇到一种我们从未想象过的奇妙物质。好像我们一直将视线停留在地面上，没有抬眼望天，看看天上的奇观。好像宇宙的另一半一直在我们面前，我们却没有勇气去看它。

要想验证这一理论，就必须找到超对称粒子，而到目前为止，还没有人成功。为什么还没发现呢？这个理论可能是错误的；或者，简单地说，因为最轻的超粒子，大概是超中性子，质量如此之大，即使用最强大的加速器，我们也没有达到产生它们所需的最低能量；或者，因为它们的特征与我们迄今为止想象的非常不同。每一天都可能有新的发现，这将彻底改变我们对周围现实的认知方式。

一定有一种理解的方法

似乎这一切还不够，最近的一项发现彻底改变了所有的情况。我们已经知道，从大爆炸开始的宇宙膨胀一直持续到今天。事实上，观察星系和星团就足够了：它们距离我们越遥远，离开我们的速度就越快。直到几年前，人们还认为，由于各种物质之间的相互引力，分离的速度会随着时间减慢。相反，在 20 世纪 90 年代末，对遥远星系的观察表明，它们的速度不是在下降，而是在提升。某种物质加速了星系的分离，这是一种反重力物质，它扩大了一个物质岛和另一个物质岛之间的距离。如果没有新的事件发生，一切都将无限地、越来越快地发展，直到星系间的距离如此之遥远，一切都将被黑暗所笼罩，寒冷将笼罩整个宇宙。

这种扩张推力的根源是什么我们无从得知。也许是一个新的力场，或者是一种我们尚未理解的真空属性，或者是产生暴胀的宇宙初始状态的化石残留物。也许，在暂时平静下来并安静休息了数十亿年之后，它觉醒了，开始再次活动，尽管是轻微地活动。

科学家们对它仍没有丝毫概念，于是就把这种膨胀的实体称为“暗能量”。这种无法更好定义的能量密度非常小，但它最终成为宇宙的主要成分，占总体积的68%。如果我们尴尬地承认我们不知道占宇宙总质量四分之一的暗物质的组成，想象一下科学界不得不承认我们对其余大部分（至少三分之二包围着我们的）事物一无所知而造成的冲击。

简而言之，如果我们把能量和暗物质放在一起考虑，宇宙的黑暗面，也就是我们所不知道的，是迄今为止最重大的部分。在这一点上，即使持最怀疑态度的人也不得不承认，我们的无知是巨大的：我们周围95%的东西对我们来说完全地、绝对地无法理解。

一定有一种理解的方法。我们知道，在宇宙背景辐射的某个地方，留下了宇宙生命最初时刻的痕迹，尽管现在难以察觉。这些痕迹可以详细地告诉我们今天看起来如此神秘的一切，但它需要比最现代的仪器高100倍甚至1 000倍的灵敏度。

更不用说捕捉以引力波形式发出的更难以捉摸的信号的可能性。信号如此微弱，它们得以逃脱几十年来用极其精密的设备进行的系统性捕捉。我们每个人都梦想着发明新技术来记录这些信号，或者发现新的信号，以便破译宇宙持续诉说其诞生的轻声低语。

像大型强子对撞机这样的粒子加速器就是这个伟大项目的一部分。理解我们生活的现实至关重要，而关于新发现的希格斯玻色子仍有很多可说的。和其他难以捉摸的事物一样，一个单一的粒子，竟然能够开启关于宇宙和物质起源的令人惊讶的新知识之门，这真是非同寻常。

每个科学家，至少有一次，都曾幻想过那个神奇的时刻，在那一刻，他站在标志着我们知识边界的深渊边缘，设法看得更远。他幻想着他所看到的，此刻只有他自己知道，他所看到的这一切将深刻地改变我们所有人对世界、生活、社会和未来的愿景。为这个梦想奉献一生是值得的。

2

男孩们的冒险

有很多话要说

斯德哥尔摩，2013 年 7 月 23 日下午 6 点 30 分

他走起路来像个敏捷的小孩，这说明他已经习惯步行了。会议组织者给他安排了一辆专车，他有着八十四岁的高龄和虚弱的外表，我刚向他提议出去散步，他立即通知蓝色奔驰车的司机我们已经出发了。酒店距离瓦萨博物馆 1.5km，绕着海湾散步很有意思，气温在美丽的夏日是让人愉快的。今晚有一场社交晚宴，就在那里举办，在世界上唯一一个庆祝巨大失败的博物馆里。

瓦萨战舰[①]是瑞典古斯塔沃·阿道夫二世舰队的骄傲。它曾是世界上最华丽、最气势磅礴、装备最精良的战舰。人们曾迫切需要尽快发动它，以对抗波兰人和立陶宛人——他们当时正在与瑞典海军

---

① 瓦萨战舰是现存最古老的战舰残骸之一，也是世界上第一批风帆炮舰和当时世界最大的炮舰。它在处女航中，离岸 10 多分钟就沉没了，直到 300 多年后才被打捞上岸，并被保存于瑞典瓦萨博物馆中。

争夺在波罗的海的贸易垄断地位。最初的项目并没有完全让国王满意。它还不够宏伟，古斯塔沃·阿道夫二世坚持让工程师们再建一个甲板，在甲板上装满青铜大炮。几个专业的木匠曾战战兢兢、小心翼翼地提出反对意见，也无济于事。国王的意志不可违抗。

忽略这个细节会付出很大的代价。1628 年 8 月 16 日，这艘在斯德哥尔摩湾进行首次航行的战舰，本来是要彰显瑞典皇家海军的实力，却像铅一样沉到了港口的泥里。几个世纪后，瓦萨战舰在那里被打捞起来，保存完好，它的木头装饰精美，青铜大炮从未发射过一颗炮弹。

现在人们可以在瓦萨博物馆里参观战舰，这座博物馆的位置离它在水下休息了 300 多年的地方仅几百米远。让世界各地的孩子们高兴的是，他们可以上船并且触摸这艘装满了他们幻想的战舰。

在 20 分钟的散步中，彼得愉快地向我讲述了他在爱丁堡的短途旅行，以及他参加的无数无休止的和平游行。然后，他突然好奇地问我："不过你们是怎么成功让 3 000 名物理学家一起齐心协力工作的呢？"我愉快地告诉他，从我们发现希格斯粒子的第一个迹象开始，虽然我们在合作中出现各种冲突、争吵和怀疑。当我告诉他我的项目要赢得赌注时，他开心地笑了，并补充道："坦白地说，你们发现了这个事实也让我吃惊，我根本不确定希格斯粒子是否真的存在。"

大多数人认为彼得·希格斯是一个难以相处的角色，他就是一头熊，简单而无趣。没有比他更脱离现实的了。这种负面名声可能源于他与记者的不良关系。自从一个肆无忌惮的家伙捉弄了他，彼得就尽一切可能避开记者们——那个记者发表了一篇采访彼得的文章，把他从未说过的一些过激话语加入其中。这种不愿接受采访的态度导致他被视为厌世者，被人们误解。彼得一直害怕并且不信任记者，甚至昨天在新闻发布会上，我也看到他紧张得坐立难安。

欧洲物理学会的会议是物理学界一年中最重要的会议。英国皇家科学院于 10 月 8 日向全世界宣布诺贝尔物理学奖的获得者，而在 10 月 8 日这一重大日期的三个月前，这一届的会议在斯德哥尔摩举行。每个研究大型强子对撞机的人都知道，在去年，我们已经收集到了更多的证据，证明了 2012 年发现的新粒子，它在所有方面都与布劳特、恩格勒和希格斯在 1964 年预测的特征相似。人们希望皇家科学院考虑这一点，并且大家的目光都集中在弗朗索瓦和彼得这两位年轻人身上。每个人都希望今年是个好时机。

昨天，弗朗索瓦和彼得发表了感人的演讲，紧接着在开幕式结束后，主办方在午休时间为他俩安排了一场新闻发布会。

一位记者问彼得·希格斯，被当作如此重要的粒子之父是什么感觉，他简洁地回答："没什么特别的，因为我的贡献很小。"另一些人则在寻找丰富多彩的注解，他们坚持问道："告诉我们关于灵光乍现的时刻吧。"彼得腼腆地笑着说："那是 8 月份，我写的文章被拒绝了。有那么几天我想我该放弃了。然后我又添加了几句话，因为显然他们没看懂我的文章。"

这两位科学家太不一样了。他们的性格完全相反。彼得害羞且语言简洁，而弗朗索瓦活泼且气势汹汹。一个人说话时身体僵硬，直立着，嘴唇肌肉几乎不动，吃力地蹦出几个词。另一个人则很兴奋，用他的手和整个身体来说明他阐述的概念。他讲故事，讲笑话，有时甚至沉浸在字里行间，似乎没完没了。但这并不是唯一的区别。弗朗索瓦·恩格勒有犹太血统，虽然他在战争中幸免于大屠杀，但他的家人遭受了重创。当比利时遭到入侵时，他还是个孩子，他躲藏了好几年才逃过了大屠杀。他是一个隐藏的孩子[①]（enfant caché），这些犹太孩子假扮为基督徒，或被孤儿院及非常勇敢的家庭收容。弗朗索瓦的灵魂中承载着那个可怕时期的所有创伤，也许他的热情，他从所有毛孔中散发出的生活乐趣，是那些在恐惧中生活太久的人的反应。在经历了那些可怕的日子后，他见证了许多家庭成员移民以色列，他与这个他经常访问的国家有着非常特殊的关系。

这一切和彼得·希格斯完全相反。自20世纪60年代以来，彼得一直参加裁军及支持和平的游行。他是一个坚定的积极分子，他的政治倾向经常指引他为建立一个巴勒斯坦国而示威。2004年，他获悉自己获得了沃尔夫奖（Wolf Prize）——以色列由同名基金会颁发的享有盛誉的奖项，其重要性仅次于诺贝尔奖。该奖项共同授予他、弗朗索瓦·恩格勒和罗伯特·布劳特。由于颁奖仪式要求获奖者从以色列当时的总统摩西·卡察夫手中接过奖杯，故彼得毫无疑问拒绝飞往耶路撒冷。只有两位比利时朋友出席交接仪式：恩格勒和

① 隐藏的孩子，指在大屠杀期间以各种不同方式隐藏孩子的术语，目的是将他们从敌人手中救出来。多数在波兰，也有一些在西欧。并非所有拯救他们的尝试都是成功的，例如，安妮·弗兰克最终被抓获。

布劳特。

弗朗索瓦的家庭人口众多。他结过三次婚，儿孙分散在世界各地。彼得只有一个妻子，他深爱的乔迪，是来自伊利诺伊州厄巴纳的美国讲师，曾和他在爱丁堡的同一所大学工作。他一见到乔迪就爱上了她，两人拥有共同的世界观、政治热情和公民倾向。他当时刚过三十岁，夜以继日地工作。他深爱的妻子照顾他，帮助他，鼓励他。他们是天作之合，彼此疯狂相爱。他们欢笑，他们玩耍，他们为未来制订计划，他们争吵，他们达成和解。第一个孩子出生的时候，正是彼得发表的文章开始受到重视的时候，他被邀请到最有声望的大学参加研讨会，展示他的研究成果。这似乎是一个完美的幸福时刻。然而，一点一点地，有些东西不知不觉地开始崩溃。最初的误解，一种陌生感，一个幻想破灭的意识。这位年轻的物理学家解决了困扰他的所有问题，他发表了一篇将永垂青史的文章，但年轻的妻子选择了另一条道路。就这样，两人分道扬镳。内心情感的尖叫和被遗弃的痛苦使这颗才华横溢的头脑陷入了沮丧。年轻的物理学家越来越多地把自己关在家里，和朋友们的联系也越来越少，一切都变得困难，他的工作永远不会再产生任何重大的成果。

简而言之，彼得和弗朗索瓦有着截然相反的性格和个性。弗朗索瓦一直对希格斯玻色子这个名字感到有些厌烦，他也毫不隐藏这一点。自从史蒂文·温伯格让这个名字流行起来后，每个人都在用希格斯玻色子这个名字，这可能会掩盖他和罗伯特所做的工作。而彼得，你可以从他的表情看出，和弗朗索瓦互动时他的手势和语言都很不自在。大家都清楚，这两个人彼此不喜欢。

记者会一结束，我们就来到后面的房间，在会议再次开始之前，我们要迅速吃点三明治和水果。在那里，当我和彼得，以及弗朗索瓦坐在一起吃三明治时，出乎意料的事情发生了。他们两人开始交谈，互相交流，我在中间充当沉默的见证者。我的感受是，我听到了一个已经憋了将近 50 年的对话。除了在公共场合顺带相遇，我发现他们从来没有私下见过面，他们从来没有时间交谈，告诉对方他们是如何写就这些文章，以及他们有什么疑虑和期望。就好像一切又重新开始了。从 1964 年那个夏天起，他们的生活发生了决定性的转变。我安静地听着，让他们俩说话，我备感荣幸地目睹了这两个本来相互并不喜欢的人之间这种深情的和解。现在这两个 1964 年的男孩说话、回忆、感动不已。工作人员来找我们，因为会议已经开始了，但这两个人不愿停止对话。他们仍然有很多话要对彼此说。

费米相互作用

玻色子的历史可以追溯到近一个世纪以前。可以说，一切都始于 20 世纪初，这一时期在科学史上是无与伦比的。一系列的事件以罗西尼式渐强[①]的节奏快速发生，一群杰出的人，在短短几年内，就

① 罗西尼式渐强，是指在艺术歌曲创作中，意大利作曲家罗西尼经常多次反复同一旋律，从而形成力度上的渐强，逐渐达到旋律的顶点，以此来制造歌剧中的小高潮。

在人类思维方式上发生了范式转变。

狭义相对论、量子力学和广义相对论为认识物质和宇宙提供了新的基础。事实证明，这些变化如此深刻，以至于一个多世纪后的今天，我们仍然难以理解所有的结论。

在这个基础上，新一代的物理学家们提出了一系列令人惊讶的发现和新的理论模型以解释当时的观测结果。这些模型，因后续的测量数据，被系统性地质疑。这就是建立基本相互作用[①]的标准模型[②]的故事。

故事始于 1933 年一位年轻的意大利科学家恩里科·费米的直觉。这位来自罗马的教授领导着一群非常年轻的物理学家（比他年轻几岁），在这些人当中，他享有如此大的权威，以至于他们给他起了一个绰号——教皇。该小组进行了一系列的实验和研究，这些实验和研究在物理学的各个领域都被载入了史册。他们被称作“帕尼斯伯纳大街的男孩们”，名字源于他们工作的物理研究所坐落的街道。20 世纪最聪明的一些人：爱德华多·阿马尔迪、奥斯卡·达戈斯蒂诺、埃托尔·马若拉娜、布鲁诺·庞特科沃、佛朗哥·拉塞蒂和埃米利

---

① 基本相互作用，为物质间最基本的相互作用，常称为自然界四力或宇宙基本力。迄今为止观察到的所有关于物质的物理现象，在物理学中都可借助这四种基本相互作用的机制得到描述和解释。

② 标准模型，是一套描述强力、弱力及电磁力这三种基本力及组成所有物质的基本粒子的理论。它属于量子场论的范畴，并与量子力学及狭义相对论相容。到目前为止，几乎所有对以上三种力的实验结果都合乎这套理论的预测；但是标准模型还不是一套万有理论，主要是因为它并没有描述引力。

奥·塞格雷。他们得到的结果如此不同寻常，费米带领的这群年轻人很快就会为全世界所知晓。

自从年轻的费米来到比萨大学学习物理以来，他给每个人都留下了深刻的印象。那个 17 岁的罗马男孩，针对著名的比萨高等师范学院的入学考试，写了一篇小文章。该文章已具备论文的原创性和深度。我们都是比萨大学的学生，都记得他的那篇文章的标题，“声音的独特特征及其成因”。该作品完好地陈列在院系的办公地点（多年后，该系正是以恩里科·费米本人名字命名）。这个聪明的年轻学生经常在课堂上走上讲台，和他的同学拉塞蒂和卡拉拉一起组织实验，甚至在毕业前，还发表了他的第一篇物理学文章。他 21 岁博士毕业，四年后成为罗马大学理论物理学教授。

1933 年，32 岁的费米提出了一个革命性的理论，以致他提交给《自然》杂志的文章被拒绝了，因为“文章包含了与物理现实相距太远的猜测，读者对此不感兴趣”。后来该文章由国家研究委员会的期刊《科学研究》（*La Ricerca Scientifica*）发表，因此这本期刊将拥有 20 世纪最重要的物理学论文之一。

费米的理论涉及一种特殊的放射性过程，其起源在当时还不为人所知：β 衰变。之所以这样称呼是因为它的特征是发射“β 辐射”，即电子。费米第一个将这种现象解释为一种当时完全未知的新的力的表现形式。为了描述它，费米从一个与电磁力相似的假设开始。这是最简单的假设，允许人们定义一个参数——常数 G，费米能够以难以置信的精度对其进行估算。多年来，这种新的力被称为“费米相互作用”。很久之后，当这个理论被所有人接受时，它才会更名。从那时起，它就被称为“弱相互作用”[①]，是常数 *G* 最小值的自然参考，*G* 决定了力的强度，并且为了纪念它的发现者，它仍被称为“费米常数”。

1938 年，恩里科·费米因发现超铀元素和由慢中子引起的核反应而被授予诺贝尔奖：这是对科学的巨大贡献，是人们理解和控制核能的决定性研究。实际上，费米对发现宇宙四种基本相互作用之一所做出的贡献——多年后每个人都清楚地看到了这一点——当然应该值得再获一次诺贝尔奖。很有可能，这种双重奖励真的会到来，但故事在 1954 年因这位伟大的科学家早逝而结束。

今天我们知道，弱相互作用，虽然在我们所熟悉的普通物质中很少出现，但在宇宙中起着基础性作用。如果没有弱相互作用，太阳和所有恒星将无法产生扩散到周围空间的能量。宇宙将充满奇异形式的物质，还将具备完全不同于我们所熟悉的特征。我们没人能说得出来到底是什么，因为并不存在与我们已知的生命形式相似的生命。

青年费米的创新思想为电磁力和弱力的统一铺平了道路。30 年后，电磁力和弱力的统一为基本相互作用的标准模型奠定了基础。

---

① 弱相互作用（又称弱力或弱核力）是自然的四种基本力中的一种，其余三种为强核力、电磁力及万有引力。次原子粒子的放射性衰变就是由它引起的，恒星中一种叫氢聚变的过程也是由它启动的。

标准模型的诞生

这段故事与修建 12 世纪的哥特式大教堂有些相似。要建造这些杰作，不仅需要设计才能了得的天才建筑师，还需要成千上万的石匠大师、雕塑家和普通的雕刻师，他们以美妙的形式将这些有远见的想法表达出来。类似的事情也发生在标准模型上。标准模型的基础是量子力学和相对论，这是 20 世纪开始的两场伟大的概念革命。在它们的基础上，有承载力的基础设施得到了发展，比如恩里科·费米卓越的直觉，然后是伟大的设计师谢尔顿·格拉肖[①]、史蒂文·温伯格和阿布杜斯·萨拉姆的理性工作，还有他们周围成千上万的其他科学家持续不断的、系统的工作。标准模型诞生于数十年的理论研究中，与一系列令人印象深刻的实验发现交织在一起，这迫使科学家们多次重新设计整体图景。就像几个世纪前发生的那样，在大教堂的建造过程中，人们意识到一些解决方案过于大胆，并且该结构不能承受重量或侧向力，因此有必要在建筑中纳入新的解决方案，这将成为以后建造大教堂的标准。

标准模型理论优雅而巧妙。尽管它仍然包含了太多的参数和许多真正含义尚未完全清楚的常数，但它的成功立即引起了轰动，因

① 谢尔顿·格拉肖（Sheldon Glashow），世界著名的理论物理学家，美国科学院院士。1966 年到哈佛大学任教，1967 年起任教授。主要研究领域是基本粒子和量子场论。1976 年获奥本海默奖，1979 年与史蒂文·温伯格、阿布杜斯·萨拉姆共同获得诺贝尔物理学奖。

为它具有强大的预测能力。它预测新的粒子，有规律地发现新粒子，并且能以高精度计算新的可测量。实验物理学家发现这些量与预测一致，在某些情况下，甚至可以计算到小数点后10位。

标准模型认为物质由三代夸克和三代轻子构成，它们根据精确的定律相互作用并结合在一起，产生了我们所知道的一切。十二种基本粒子（三对夸克和三对轻子）通过交换其他粒子相互作用，这些粒子是四种基本力的载体：光子，即由光构成的粒子，传递众所周知的电磁力，而胶子本身带有色荷，传递强相互作用，这种强相互作用将质子内部的夸克聚集在一起，并且能克服原子核中质子之间的电磁力。另外，弱相互作用通过发射和吸收非常重的粒子（称为W及Z玻色子）来传递。最后，未纳入标准模型的，还有引力。它在具有质量或能量的物体间相互作用，并通过引力子的交换传递作用力，引力子是引力的媒介子，目前还没有被实验检测到。

力的媒介子拥有整数自旋（1或2），它与自旋为0的粒子均为玻色子。夸克和轻子是物质的组成部分，它们的自旋分数为1/2，通常被称为费米子。

标准模型的原型是弱相互作用与电磁相互作用的统一，这变成了单一力的两种不同表现形式，即电弱相互作用。一切都源于形式上的类推，这种类推加强了费米开始定义弱相互作用的直觉。

描述这两种相互作用的方程实际上是相同的，这种形式的一致不可能是一种巧合。在19世纪，法拉第、麦克斯韦和洛伦兹提出的统一的电磁学理论与电磁学现象交会在一起，奇迹又一次发生。这一发现不仅从根本上改变人们对自然的理解，也可能彻底改变了整个社会。

当普通记者请我用简单的术语解释关于希格斯玻色子的新科学发现可能产生的经济和社会影响时——这是我经常提到的一个话题——我无法回答这个问题，但我知道，如果今天不了解电磁学，我们仍然会乘坐蒸汽火车，会使用蜡烛和煤气灯来照明，用信鸽来交流。我不知道电弱统一是否会带来新技术，但我知道，在 19 世纪下半叶，当制定麦克斯韦定律时，没有人能想到世界会因这四个方程而发生如此迅速和深刻的变化。

另一个比萨学生的疯狂想法

标准模型的成功与欧洲核子研究组织进入国际物理学领域发生在同一时间。成立于 1954 年的欧洲实验室起初努力在高能物理领域建立自己的地位，而这一领域传统上是由超级大国美国主导的。欧洲核子研究组织的第一个重要成果是在 20 世纪 70 年代发现中性流（中性流是一种难以捉摸的现象，它构成了“标准模型假设的 Z 玻色子存在的第一个间接证据”）。在 20 世纪 80 年代，伴随着弱相互作用的媒介子 W 及 Z 玻色子的发现，这一理论达到了顶峰。

这一发现的主角是另一位曾在比萨大学就读的学生，也是一名优秀的师范学院学生。自费米发表关于弱相互作用的文章以来，已经过去了 40 年，当时还没有人发现这种力的媒介子，该理论预测这种力的质量非常大。为了克服这些困难，年轻的鲁比亚[①]向欧洲核子研究组织提议建造一个前所未有的加速器。这是一个革命性的想法，乍一看很疯狂：在同一台加速器中，让质子束和反质子束循环，并使它们发生碰撞，从而有足够的能量产生幽灵般的粒子。这个想法涉及从根本上改动欧洲核子研究组织最强大的加速器，使其适应新的特性，并涉及解决一系列令人记忆深刻的技术问题。鲁比亚性格暴躁，工作中会忍不住动手。为了帮助他，著名的加速器专家之一、荷兰物理学家西蒙·范德梅尔进入了这个领域，提出了一种建立和保持反质子束聚焦的革命性方法，这是在碰撞中获得足够强度的决定性因素。

即使最不情愿的同事也深信不疑，在 20 世纪 80 年代初新加速器将开始运行。一切都进行得完美而迅速，在相互作用区周围建造的巨大探测器里，期待已久的信号出现了。1983 年 12 月，在欧洲核子研究组织的一次研讨会上，鲁比亚向世界宣布了 W 和 Z 玻色子的发现。在第二年，他与西蒙·范德梅尔因此共同获得诺贝尔物理学奖。

我也是当时聚集在中央礼堂的数百人中的一员。当鲁比亚一张张地讲述几百张幻灯片，向一群紧凑而安静的观众展示少量 Z 玻色子和第一批 W 玻色子时，我仍然记得，在那一刻，我有一个清晰的

① 卡罗·鲁比亚（Carlo Rubbia），世界著名粒子物理学家和发明家，长期就职于欧洲核子研究组织，1984 年与西蒙·范德梅尔共同获得诺贝尔物理学奖。

想法——有点像白日梦。有那么几秒钟，我想象着自己在未来的某一天站在那个讲台上，在那个挤满了物理学家的礼堂里，展示一种新粒子的第一个证据，这种新粒子将永远改变我们对世界的看法。我相信，像我一样出席研讨会的所有年轻物理学家都拥有同一个梦想。

质量的难题

标准模型所积累的成功并不能掩盖隐藏在整个理论构建中处于框缘的一个潜在问题。

这两种如此不同的相互作用，怎么可能是同一种力的表现呢？电磁力的作用范围是无限的，照亮我们街道的灯泡发出的光子，在适当的时间，将抵达宇宙最偏远的角落；而几千年来我们一直可以忽略弱相互作用，因为它只发生在非常小的亚核距离内，并立即消失。物理学的一般定律告诉我们，力的作用范围与其承载的粒子质量成反比。这就是为什么电磁力的作用范围是无限的——这是只有零质量的光子才能给予的礼物。现在人们明白了为什么 W 和 Z 玻色子的质量一定如此之大。只有非常重的粒子才能产生像弱力这样的短距离作用力，但是，无质量的光子如何调和 W 和 Z 玻色子所带来的相同的电弱相互作用呢？是什么真正将 W 和 Z 玻色子与光子区别开呢？质量到底是多少？

用术语说，这些问题的名字统称电弱对称性破缺，参照这一事实——理论上，从一个对称的情景开始，电磁力和弱力应该是同一物体，而事实上，对称性被“打破”并且两种力截然不同。自 20 世纪 60 年代起，人们就开始疑惑造成这种破缺的原因，并设计了许多解决办法，但“1964 年的男孩们”出现之前，没有一个真正令人信服的答案。再一次，一些年轻人提出了一个新的想法，一个前所未有的想法，打破了常规。他们是两个三十岁出头的比利时男孩以及一个和他们同龄的英国人。

罗伯特·布劳特和弗朗索瓦·恩格勒是很好的朋友。他们有很强的幽默感，他们喜欢美食、美女和笑话。他们性格外向，思想丰富，并富有感染力。他们一直从事固态物理学的工作，但是后来他们决定将注意力集中在粒子物理学上。这不是他们擅长的领域，他们犹豫了很长一段时间，才将他们在这个新学科的第一个作品出版发表。他们担心自己忽略了一些琐碎细节，害怕写废话。对他们来说，解决方案似乎显而易见。他们已经在其他固态的典型情况下看到了它的作用。如果这两种相互作用的方程是相同的，只能是它们传播的方式打破了对称性——那就是真空。换句话说，正是真空“打破了对称性”，因为真空并不是虚无。要证明电磁力和弱力之间的区别，有必要承认存在一个“场”，它占据了空间的每一个角落。

这么说似乎是一件小事。如果你思索一下，就会发现，没人把它们当回事也不足为奇。这两位“新人”到来并告诉我们，宇宙的每个角落都弥漫着一种微妙而神秘的东西，这是之前从未有人考虑过的。他们投递的文章被接受并发表，但一开始没有引起相关的反响。

几周后，同一家杂志又收到了另一篇文章，从完全不同的角度探讨了相同的话题，得出了相似的结论。作者是彼得·希格斯，一位年轻且名不见经传的英国物理学家。他刚被召到爱丁堡，与这两位比利时人年龄大致相同，但性格完全不同。他是一位数学物理学家，他独自工作。他很严肃，很保守，很爱他的妻子，不太喜欢和同事一起来往或欢宴畅饮。他的文章的第一版寄给了另一家杂志，但被拒绝了。他几乎不情愿地，在8月又工作了几周，以回应评审人员，也就是那些被匿名召集来决定提议文章是否应该发表的科学家们的反对意见。最后，彼得决定展开阐述其中一个要求他进一步澄清的论点，他的结论很明确：是的，电弱对称性的自发破缺是一种新的有质量的玻色子产生的场的结果。第二版文章被采纳，并在布劳特和恩格勒的文章出版几周后发表在杂志上，彼得·希格斯引用了前者的文章。

多年后，在斯德哥尔摩，当我们为他们刚刚被授予的奖牌干杯时，彼得向我倾诉："我总是在想，这个世界是多么奇怪：如果1964年他们没有拒绝那篇文章，我今晚就不会在这里了。"

所提出的机制很简单。如果你用几个公式来描述它，这几乎是显而易见的。质量，基本粒子最普通的特性，隐藏着一个陷阱。我们之前怎么就没想到呢？非常轻的轻子和非常重的夸克诞生了，都没有质量，非常民主。正是占据整个宇宙的希格斯场选择并区分了大质量粒子和轻粒子。与场的相互作用越强，粒子的质量就越大。

即便不是不可能，也很难找到一种在不浪费能量的情况下运行机制的严谨推论。通常使用的图像不能充分反映对称性自发破缺机制的特性。我喜欢把它描绘成橄榄球场上侵略性的、结实的防御者阵线，光子渗透进来，无视他们，然后迅速地从他们两腿之间溜过去。但如果 W 或 Z 玻色子到达，就无法逃脱了。防守队员抓住他们的脚踝，无情地把他们拉倒。他们试图站起来，但徒劳无功，他们痛苦地拖着自己走了极短的距离，带走了一群玻色子。这就是我们的宇宙形成微妙平衡的方式：光子给我们带来最遥远恒星的光，而使太阳发光的弱相互作用躲避了我们的视线，并被限制在亚核距离之内。

这个想法是革命性的。即使在这种情况下，它也没有立即产生任何显著的反响。用彼得·希格斯的话来说："我们的文章，一开始绝对是被忽略的。"甚至还有人曾想过换工作。然后，事情又慢慢地发生了变化。一部分是由于布劳特、恩格勒、希格斯提出的解释似乎简单而优雅，另一部分是由于该解释找到了一位杰出的支持者——电弱统一之父史蒂文·温伯格。他开始在他的文章中，在他的研讨会上越来越多地提到希格斯机制。几年后，赫拉尔杜斯·霍夫特，一位非常年轻的荷兰学生，经过几个月的工作证明了这个理论是可靠的，也就是说，他没有遇到那些无休止的分歧，那是理论家的噩梦。他们最终接受了标准模型，并接受了三位陌生人提出的解决方案。

顺便一提，在 1999 年，也就是在那篇论文发表多年之后，赫拉尔杜斯·霍夫特和他当时的导师马丁努斯·韦尔特曼被授予诺贝尔物理学奖。"如果他们在 1967 年告诉我，当我疯狂地去寻找那些对我来说似乎不可能计算的答案时，那份工作会让我获得诺贝尔奖，我会发笑。”几年前赫拉尔杜斯对我坦白道。当我看到我的学生没有专注于他们的论文时，我经常对我的学生重复一句话：这可能是他们一生中最重要的工作。

力的大统一

电弱统一又让所有物理学家的梦想迈出了决定性的一步：基本力的大统一。

此事早已众所周知。第一个统一可以追溯到伽利略和牛顿时期。使物体加速向地面运动的重力，以及月球对地球或地球对太阳的引力，这是万有引力的两种不同表现形式。天体引力和地球重力是同一种力。这是苹果掉在这位伟大的英国科学家头上的故事所告诉我们的。

第二个统一花了两个世纪才实现，让我们统一把电磁称为光子所携带的力。自从法拉第、赫兹、麦克斯韦和洛伦兹证明电现象产生磁效应，反之亦然，一切都变得简单而自然。用少量优雅的公式来描述迥然不同的现象。之后当人们发现，是光子传播了这种相互作用，而可见光只不过是一种特殊的电磁波，即传播的磁场扰动时，光学也成为这个家族的一部分。

随着电磁学和弱力的统一，将三种基本相互作用（也包括强核力）考虑为单一超力的不同表现形式的趋势已势不可挡。

机制很简单。这三个基本相互作用由三个称为“耦合常数”的数字来描述，它们定义了力的强度。常数越大，力的强度就越大。这三个常数的值是众所周知的。如果用 1 来表示强力的耦合常数，则电磁力为 1/137，即电磁力比强力弱 100 倍，弱力约为强力的百万分之一。

这些显著的起始不平等被一种机制削弱了，我喜欢称之为“动态社会正义”，这个机制已经在无数实验中得到验证。耦合常数的值，即力的强度，并不是一成不变的静态值。简而言之，这些常数不是恒量，而是取决于能量。随着能量的增加，强者变弱，弱者变强。

这种奇怪的动态已经通过高能碰撞得到了验证。碰撞的能量增加得越多，电磁力和弱力的表现强度增加得越多，强力的表现强度则减少得越多。这种机理是电弱统一的基础。当有足够的能量产生 W 和 Z 玻色子时，弱相互作用的强度增长到一定程度，我们可以通过实验来验证数十亿年来没有人看到过的电弱统一。

在大型强子对撞机中，同样的机制得以重现。随着能量的增加，强耦合常数变得越来越小，弱耦合常数不断增大，两个值越来越接近。根据这一趋势，一些理论预测，在极高的能量下，强、弱和电磁耦合常数将达到一个非常相似的值，这三种基本力的强度实际上是相同的。所需的能量值尚未达到，而且很可能，至少在不久的将来也很难达到这个能量值。不过，终局似乎可期。

在进行这些推断的过程中，人们发现新粒子的存在，比如超对称预测的那些粒子，将导致这三个相互作用决定性地收敛到一个明确定义的点。在这个点上，耦合常数将完全相同。这被认为是支持超对称性的另一个优势。

如果大统一理论被实验证明了，我们就会对情况有一个清晰的认识。在我们的世界中所看到的、起作用的是基本力的低能量表现，这些基本力都来自同一种超力，它在非常热的原始宇宙中不受干扰地发挥作用。一旦温度降到临界温度以下，超力就会以明显不同的形式结晶，然后到达我们这里。有点像冬季云层中的水蒸气，根据不同的条件，可以凝结成寒冷的雨滴或结晶成雪花。

梦想的名字

引力到底发生了什么情况呢？我们暂且将它搁置一旁，因为与其他相互作用力相比，它的弱点显而易见。引力相互作用的耦合常数，其值为 10^{-39}，打破了所有纪录。正因为这个小数值，引力只有在像太阳、地球或月球这样的巨大质量分布上作用时才变得重大。没人在乎在同一间办公室或同一间工作室工作的同事之间的万有引力。尽管他们每人重 80 千克，作用距离可能只有几米，我们知道所有质量都相互吸引，其力与距离的平方成反比。没有人关心，因为耦合常数是如此之小，以至于需要超灵敏的仪器来测量。如果你感觉被某个男同事或女同事吸引，不要找借口：这种吸引肯定不是引力这一类型的。

引力耦合常数和我们说过的其他相互作用一样——随着能量的增长，常数也在增长。在这种情况下，统一机制不起作用。这个常数从一个非常低的值开始，以至于当其他相互作用达到统一时，引力仍然绝对是次要的：该死的，它太弱了。

这种引力的异常是一整代物理学家的担忧。最常见的力，每个人每天都经历的力，也是表现最怪异的力。然而，统一包括引力在内的四种自然力的愿望依然存在。它有一个雄心勃勃的名字：万有理论。这是所有物理学家的秘密梦想。

额外维度

直到几年前，一群年轻的理论物理学家提出要从根本上改变观点，引力的统一才被认为是一项艰巨的事业。

其基本原理很简单。引力并不弱，但对我们来说却很弱。我们受到常识的制约，成了偏见的囚徒，我们相信宇宙是在四个普通的维度上发展的：三个空间维度（高度、宽度、深度）加上时间。如果我们假设我们的宇宙维度数是 5、6 或 10，也就是说，如果存在我们没有察觉到的额外空间维度，我们应该从根本上修正这些结论。

这个难题解开了：我们认为引力很弱，因为我们只考虑了我们所熟悉的四维世界的微弱投影。实际上，在额外的维度中传播，这个力比它看起来要强得多。此外，考虑到隐藏的维度，引力的耦合常数变得正常，并随着能量的增长而增长，它可以与其他相互作用统一起来。

这些隐藏的维度去了哪里呢？在宇宙诞生的最初时刻，巨大的能量使所有额外维度保持开放。在随后的冷却过程中，它们立即闭合起来，好像折叠在一起，变得不可见，但是异常微弱的引力仍然存在。这个巨大的不一致的细节，提醒我们不要只满足于表面现象。

不寻常的是，如果存在额外维度，我们可以用粒子加速器来发现它们。从大型强子对撞机开始，通过让高能质子碰撞，我们可以触及额外维度隐密而无声地存在了数十亿年的极限。在这种情况下，不同版本的理论预见了巨大质量粒子的出现，它们的性质与标准模型相似，但要重几十倍，或者是全新的绝对奇异的物质状态，因为这种状态的引力比普通状态的引力强得多。因此，有可能产生一种亚原子粒子的聚集，这种聚集既不是由电磁力（如原子中的电子）聚集，也不是由核力（如原子核中的夸克）聚集，而是由引力聚集。

在非常小的距离，引力会如此强大，以至于能够形成微小的黑洞。这与宇宙黑洞无关。宇宙黑洞是在许多星系中心发现的巨大天体，其质量如此之大以至于它们甚至可以吞噬光，因此不可见。可能形成的微型黑洞将是无害的不稳定粒子，它们会在无限小的时间内衰变，只留下几十个粒子组成的微观“烟火”，在相互作用区周围的超灵敏探测器上留下痕迹，作为它们存在的证据。由于到目前为止，还没有实验显示出超大质量粒子或黑洞的痕迹，因此只能对最小空间维度设置上限，在这个上限之下，额外维度仍然可以隐藏。这个问题仍然悬而未决，每天可能都是美好的一天。当特定的额外维度理论被证明是正确的那一刻，那不仅是科学的伟大日子，而且将真正谱写人类历史的新篇章。单是想想看问题的角度，我们的世界观将彻底改变。想一想描绘多维世界的难度，甚至只是想象一个在十维空间中发展的世界，以及马上就会出现的问题：对宇宙隐秘一面的系统探索会给我们带来什么惊喜呢？

寻找圣杯

在讨论标准模型时，我们遇到了现代物理学的大问题。暗物质、膨胀、暗能量、力的统一以及引力的作用，这些概念引出了巨大的问题，而这些问题极有可能需要物理学上一场新的概念革命。我们迟早会发现一些颠覆现有知识的东西，将标准模型简化为一种特殊情况，只适用于低能量的更普遍的理论。这种情况以前发生过，我们都相信它将再次发生。

尽管出现了新的问题，但仍有一个大问题需要解决。首先，有必要找到希格斯玻色子，也就是说，证明这种新粒子确实存在，或者为电弱对称性破缺机制找到不同的解释。这里出现了问题。搜寻工作立刻展开，但当标准模型取得接连不断的成功时，在这个特定点上，年复一年，搜寻却仍是一连串的负面结果。在标准模型取得最大胜利的那些年里，似乎没有人能发现这种幽灵粒子，而整个理论的构建都依赖于它的存在。

在此，新一代的年轻物理学家开始发挥作用，他们在 20 世纪 90 年代初决定尝试当时无人成功的事业。要么发现该死的玻色子，要么证明布劳特 - 恩格勒 - 希格斯机制永远不成立，我们必须求助于另一种理论。

为了实现这一目标，科学家们提出了使用尺寸和特性都让人疯狂的装置。他们提议使用的许多技术根本不存在，材料具有未来派风格，所要求的性能被认为是“疯狂的”。

这一代人的梦想是能够制造出历史上前所未有的加速器和探测器。他们的希望是不让希格斯玻色子逃走，系统地对希格斯玻色子可能存在的整个区域进行筛选。

他们的秘密梦想并没有就此止步。他们一起寻找新物理学的最初迹象：超对称性预测的新粒子，或额外维度理论中假设的微型黑洞。新机器必须准备好应对任何意外。我们正准备把河里的石头一块一块地翻开，以便抓住哪怕是藏在那里的最小的鱼。

为意外做好准备总是最复杂的事情。我们可能会遇到一个希格斯玻色子，它的特征与标准模型预测的完全不同。我们必须准备好记录最小的异常，因为新物理学的第一个明确信号可能隐藏在其中。我们可能会遇到其他伙伴，甚至发现希格斯玻色子的整个家族。我们必须为人类头脑中曾经设想过的最稀奇的粒子做好准备：从可以在设备中稳定地睡上好几个星期然后在数据采集结束后自行分解的粒子，到构成暗物质的不可见粒子和不能直接检测到的粒子。

这是大型强子对撞机的历史和冒险。

3

疯狂的实验

即使是诺贝尔奖得主，有时，也会犯错

欧洲核子研究组织咖啡厅，1995 年春天某日近傍晚时分

我刚结束一场大型强子对撞机委员会的会议。该委员会成立于几年前，旨在评估新型加速器——大型强子对撞机的实验建议。委员会成员中有一位德国物理学家，他从事欧洲核子研究组织新机器大型正负电子对撞机（LEP）的 OPAL 实验。他非常友善，提出的问题很精准；与其他人不同的是，他对我们并不咄咄逼人，而且很明显，他站在我们这一边，我们这些年轻的物理学家们所投入的事业在其他人看来是不可能完成的。他的名字是罗尔夫·赫尔，当我们发现希格斯玻色子时，他成了欧洲核子研究组织的总干事。

穿过咖啡厅时，我遇到了卡罗·鲁比亚。咖啡厅是欧洲核子研究组织最重要的场所之一。中央餐厅，实验室的三个餐厅之一，是最拥挤的，人们也会在休息时来这里喝咖啡，或在晚餐后喝啤酒。我们在这些桌子上讨论，交流彼此的想法，寻求解决方案。各个民族

的人们都在用不同的语言进行激烈的辩论，这就是为什么我认为餐巾纸也许是现代最重要的科学工具。成千上万的餐巾纸被用来写方程式、绘制探测器或讨论费曼图，它们构成了所有新交响曲的第一篇乐谱。讨论结束后，它们被扔进垃圾桶——但如果它们被收集并被保存下来，我们就能在其中找到过去几十年来一些最重要的科学见解。

大约一年前，鲁比亚结束了他作为欧洲核子研究组织总干事的任期，回到他狂热的研究活动中，四处奔走。一如既往，欧洲核子研究组织是一座充满创意和首创精神的火山，最重要的是，这里非常奇妙。我们正在进行的紧凑渺子线圈实验就源自米歇尔·德拉·内格拉和吉姆·维尔迪的想法，这两位是鲁比亚的学生，是鲁比亚在发现 W 和 Z 玻色子时，在 UA1 实验中与他一起工作的年轻人。我相信鲁比亚了解我研究中的所有细节，并且也知道我们的项目基于许多新的想法，其中一些是真正革命性的。

当他带着惯常的攻击性口吻对我说："你在忙活什么呢，紧凑渺子线圈的年轻人？你为什么不来我的办公室聊聊呢？"我知道我这一小时会很难熬。在这里，我在黑板前，在诺贝尔奖得主的书房里，绘图、解释、回答着越来越紧迫的问题。鲁比亚非常好奇，很显然，他正在尽一切努力使我陷入困境。我满头大汗，努力保持镇静，争论，为自己辩护。然后，他突然沉默了；在整整半个小时的时间里，他让我继续讲下去，不打断我在黑板上画东西。"所以，"我向他解释说，"我想可以建造一个能经受大型强子对撞机辐射的追踪器。我知道很多技术还不成熟，但我们应该去做。”然后接着说道，“是的，现在的成本可能难以控制，但我们有一些想法可以大幅降低成本……我知道这样构想出来的探测器似乎很有未来感，但是，如果我们这样做的话，它将允许我们以能清楚地识别希格斯玻色子的精确度来重建电子和 μ 子信号。有了这个探测器，我们就把希格斯玻色子装进了袋子里。”当我放下粉笔，转身看他的时候，鲁比亚脸上带着一种非常怀疑的表情。很明显，我告诉他的事他一个字也不相信。他的最后声明没有任何余地，这是一项无法上诉的判决：“这永远不会奏效。你会在水里挖出一个大洞。”

当离开这个房间的时候，我有一个清楚的想法，我对未来几年的工作重心有了明确的想法：证明可以构建大型强子对撞机的追踪器，即测量粒子轨迹的仪器。即使是诺贝尔奖得主，有时，也会犯错。

伟大的追寻开始了

寻找希格斯玻色子的工作并没有在其存在被假设提出后就立即展开。起初，人们并不完全清楚粒子在新理论中所起的决定性作用。直到 20 世纪 70 年代中期，当标准模型最终被科学界接受时，人们才进行了系统的尝试来验证其所有预测，包括这种非常特殊的玻色子的存在。

那篇引起实验物理学家注意的文章发表于 1975 年。在经历了几十年的疯狂追寻之后，今天重读理论家约翰·埃利斯和迪米特里·纳普洛斯最初研究得出的结论，也会让人感到好奇。在描述了新粒子的特征和它衰变的各种方式之后，两位科学家得出了这样的结论："我们向实验物理学家道歉，因为我们不知道希格斯玻色子的质量，也不知道它与其他粒子的耦合，只不过它们可能非常小。由于这些原因，我们不想鼓励大规模的实验研究，但我们觉得有责任告诉那些将要在希格斯玻色子存在的情况下进行潜在敏感性实验的人，希格斯玻色子是如何逃离在他们的实验数据之外的。"

没有人会想到，在这样谨慎的言辞之后，物理学史上耗时最长、耗资最大的粒子追寻终将结束。标准模型赋予了希格斯玻色子一个非常明确的角色，并精准地确定了它的所有特征。除了一点，对于那些将要寻找它的人来说，这是最重要的：质量。理论上，它是一个自由参数，就像你正在寻找的东西可以像蝴蝶一样轻，也可以像大象一样重。这幽灵般粒子的许多特性取决于质量：首先是可以产生幽灵般粒子的原理以及能够产生这种现象的可能性；然后是玻色子实际存在的时间段，最后是它衰变并分解成其他粒子的方式。

在这一点上必须记住，自然界中稳定的自由粒子，如光子、电子和质子，是少数。还有一小群其他粒子，如中子和 μ 子，它们虽然不稳定，但寿命足以在探测器中留下信号。不过自然界的绝大部分是由不稳定的粒子组成的，也就是说，它们会立即衰变成其他粒子，希格斯玻色子也不例外。因此，我们不能考虑直接识别它，不能指望通过它在测量仪器上留下的直接痕迹而观测到它。它的存在是根据它衰变产物的记录和研究推断出来的，而质量是决定它将产生哪些其他粒子的决定性参数。可能性的范围是巨大的，对于那些敢于追寻它的人来说，这是一个真正的噩梦。这就像在太平洋寻找新的动物物种，却不知道它们是生活在岛屿植被中的小昆虫，还是大型深海鱼类。

这种情况与 W 和 Z 玻色子的研究完全不同。当鲁比亚决定修改当时最强大的加速器以实现其目的时，目标非常明确：精确地探索 W 和 Z 玻色子可能隐藏的质量区域。电弱理论自信地预测，它们的质量一定是 80 ~ 90 GeV[①]——几乎是氢原子质量的 100 倍，并且这些粒子所有产生和衰变模式都得到了明确定义。只需要建立一个足够强大的加速器，并把注意力集中在正确的能源值上即可。

然而，对希格斯玻色子的探索则要复杂得多，且充满不确定性。首先，它不一定存在。标准模型需要一些机制来打破弱相互作用和电磁相互作用之间的对称性，但这个机制不一定是布劳特、恩格勒和希格斯所描述的。其他物理学家也提出了不同的模型，当然没有那么优雅，但这也不是自然界第一次选择与我们想象的不同的路径。其次，即使掌握了这个非常重要的机制，理论上也没有什么能阻止希格斯玻色子像电子一样轻，或者比大质量的 W 和 Z 玻色子重 10 倍。探索它的可能性范围是巨大的。

① GeV（吉电子伏特，即 10^9 eV）是能量和质量（基于著名的爱因斯坦质能方程 $E=mc^2$）的度量单位，广泛用于粒子物理学中。对于更高的能量，可使用 TeV，等于 1 000 GeV（10^{12} eV）。

如果希格斯粒子是轻粒子，它的间接效应就应该在许多探索过程中已被发现，而不必建造大型加速器来产生它。另外，如果它质量很大，除了建造一个足够强大的加速器，没有其他捷径。

追寻悄悄地开启了，但事情从一场错误的警报开始有了疯狂的节奏。

1984 年的夏天，在我们发现 W 和 Z 玻色子的几个月之后，在德国汉堡附近的 Desy 实验室，正负电子对撞机 DORIS 最近刚进行了升级。从最初的几个月开始，探测器开始记录一些非常奇怪的东西。在 8.33 GeV 左右，一些非常特殊的状态正在发酵，典型的“中性和不稳定的东西”以一种无法解释的频率衰减。令人兴奋的是，这是一个明确的信号：一切都表明希格斯玻色子已经出现了。

这一发现在最负盛名的场合宣布，即在德国莱比锡举行的高能物理国际会议上。这是一颗重磅炸弹，立即引发了激烈的反响和讨论。当其他团体探究到相同的信号时，问题就解决了：没有人看到它们。DORIS 自己的物理学家在收集了更多的数据后，最终承认信号从未返回过。没有人知道这到底是一个错误，还是统计上的恶性波动。

在接下来的几十年里，寻找希格斯玻色子的过程中陆续出现其他错误的警报，但是，这颇具争议的第一次警报的作用，是将发现希格斯粒子的重要性推向了关注中心。从那时起，所有新的实验都把大量的注意力投到希格斯粒子的研究上。

“指环王”——各式各样的储存环

要发现新的粒子，首先需要的是一个能够产生它们的加速器。也就是说，这个粒子加速器能够让碰撞发生，并且在碰撞中形成的能量大于要产生的粒子的质量。这是爱因斯坦著名的质能等价理论的应用。当一束粒子与另一束粒子相互碰撞时，碰撞的能量可以转化为质量：碰撞的能量越大，产生的粒子质量越大，我们就越接近大爆炸之后宇宙的最初时刻。因此，加速器的竞赛越来越激烈了。

用于碰撞的粒子，人们使用的通常是最常见的粒子，其中包括带电荷粒子：电子、质子，有时还包括它们的反粒子（正电子和反质子）。电荷必不可少，因为可以利用电磁定律使它们加速，并且让它们保持在轨道中。强电场会产生增强其能量所需的加速度，而强磁场会使加速粒子的轨迹弯曲，使其绕着环形轨道运动。

一种早期的粒子加速器使用电子和正电子，它们是点状粒子。当它们正面碰撞时，就会湮灭，也就是说，它们完全消失了，它们的能量完全转化为其他粒子。从实验的角度来看，情况非常清楚，过程也简单，可以在最接近理想状态的情况下产生和研究新粒子。以电子和正电子为基础的加速器，其缺点在于粒子无法达到太高的能量。这些粒子实际上是轻质的，当它们在环形轨道上运动时，它们通过辐射损失了相当一部分的能量，也就是说，它们会发出一种特殊形式的光，也被称为同步辐射。

使用质子（或反质子）的加速器则不存在上述缺点。质子比电子重得多，发出同步辐射的可能性要小得多，因此质子可以被加速到更高的能量。然而，与电子不同，质子不是点状粒子，而是由夸克和胶子组成的复杂结构。这使得碰撞更加复杂。

如果我们可以将质子扩大到一个房间的大小，就会发现物质的区域将只占总体积的很小一部分。组成这个空间的夸克，以及相互交换且因为自身之间的强相互作用而留在这个空间的胶子，直径都只有几毫米的大小，因此，在大多数情况下，当两个质子发生碰撞时，没有发生什么真正有趣的事情就不足为奇了。在大多数情况下，碰撞是在外围发生的，两个质子在一定距离处相互作用，并从碰撞中毫发无损地出来，只是略微偏离了它们原来的运动轨迹。当碰撞变为某种正面碰撞时，质子会分裂，部分能量会转化为新的粒子。在极少数情况下，正面碰撞影响到夸克和胶子物质集中的小区域时，可以利用的能量最大，而且在极罕见的情况下，会产生质量最大的粒子，包括可能是前所未有的粒子。由于只有一小部分的质子参与了夸克或胶子之间的正面碰撞，可用于产生新粒子的最大能量也只是加速质子总能量的一小部分。

过去几十年的经验告诉我们，主要的两类加速器在某些方面是互补的。电子加速器是进行精确研究的理想工具，而质子加速器则是卓越的探索加速器，是探索能量前沿、寻找新粒子的先驱。

对于两种加速器而言，能量都是基本参数。首先，由于低于一定的阈值，直接产生人们所寻找的大质量粒子是没有希望的。其次，由于产生粒子的概率随着能量的增加而大幅增加：能量越高，产生的给定质量的粒子就越多。如果我们能产生大量的粒子，我们就能选择最清晰的衰变模式，促成最明显信号的特征，或许还能发现一些基本的东西，帮助我们比其他人更早地了解宇宙。

高能意味着只有使用极强的磁场，也就是非常昂贵的磁铁，才能阻止粒子沿圆周轨道旋转。目前技术的发展是有局限性的。可以达到的最大磁场定义了人们能想到的最小曲率半径，这就是我们得到现代巨型加速器的方式。

最后，加速器产生的粒子数也是该特定过程中每秒能够产生的碰撞数的函数。用术语来说，就是所谓的加速器的亮度。加速器的能量和亮度，这两个基本参数的选择是最重要的，它可以决定一项伟大的科学事业的成败。

如果人们在定义新加速器的特性时仍然过于谨慎，成本会降低，但冒险可能会导致彻底的失败。冒低于正在寻找的新粒子的生产阈值的风险，或者能产生一些粒子，但不足以提取出清晰的信号。与此同时，其他人可能建造出更强、亮度更大的加速器，率先发现这一粒子。没有人会记得你节省的资源，而每个人都会永远记得你的投资是一个失败的选择。反过来也一样。当你做出了一个过于激进的选择，如果提议的技术太超前，你仍然有失败的风险，要么是由于无法让机器运转起来，要么是由于成本激增。

粒子物理学家就是在这条像刀刃一样锋利的薄脊上提出他们的建议，有时甚至拿自己的职业生涯做赌注。高能物理学是一个竞争激烈的领域。在这个领域中，科学家实现知识领先地位的目标，往往与希望在领先技术领域中保持或占据领导地位的国家野心交织在一起。在这样一个滑溜溜的赛道上，伟大的科学成就和巨大的失败之间区别可能就是细节问题。

从沃克西哈奇到大型强子对撞机：一场激烈的竞争

在 20 世纪的大部分时间里，美国在高能物理学方面处于领先地位。1930 年，29 岁的欧内斯特·劳伦斯刚被伯克利聘为年轻教授。他找到了一种方法，通过发明回旋加速器，使粒子加速器更加紧凑和高效，回旋加速器是第一个环形加速器。其余部分来自巨大的投资和曼哈顿计划的成功。自那以后，美国历届新政府都保证大力支持越来越雄心勃勃的项目，并暗自希望，通过一系列揭秘或许有可能获得新的、非凡的能源。几十年来，正是由于一系列不间断的成功，才巩固了美国在全球层面无可争议的领导地位。任何想要参与高能物理学前沿研究的人，都必须获得一张进入美国实验室的门票。

在美国，没有人认为 1954 年欧洲核子研究组织的诞生是一个真正的挑战。俄罗斯几年前也在莫斯科附近的杜布纳启动了其加速器项目，但没有任何相关的事情发生。美国获得的领导地位过于稳固，以至于不认为新的欧洲实验室会在某种程度上削弱其主导地位。事实上，欧洲核子研究组织，在其诞生的头几十年里就建造了出色的加速器，并产生了良好的测量结果，但没有历史性的重要意义。

鲁比亚发现的W和Z玻色子在美国引起了不小的轰动。美国科学家们已经准备了详细的计划，以防错过这巨大的成功以及肯定能加冕的诺贝尔奖。自1974年起，他们提议在纽约附近的布鲁克海文建造一个新的加速器，他们还选择了一个漂亮的缩写ISA，即伊莎贝尔（Isabelle），指交叉存储加速器（Intersecting Storage Accelerator）。

这台新机器是一台环形质子加速器，对撞质心的能量为400 GeV，足以产生和识别人们苦苦寻找的弱相互作用的载流子。它的建造始于1978年，但设计选择太过冒险，并带来了灾难性的后果，因此立即出现了问题。在定义这台新机器的规格时，伊莎贝尔的物理学家提议使用超导磁体。超导性是某些材料一种非常特殊的特性，它对电流通过不产生电阻。通过这种方式，可以避免普通导体的缺点，并以最小的分散产生巨大的电流。大电流是建立强磁场的主要组成，而强磁场是将高能质子保持在轨道上的必要条件；但是超导并不容易管理。首先，因为这些材料中的电阻只有在接近绝对零度时才会被抵消，所以超导细丝必须浸没在我们已知的最冷的物质——液氦中，温度约为−269℃。其次，这些材料在强磁场和强电流存在时往往会失去超导性，而强磁场和强电流正是对加速器很有用的条件。这些缺点只能通过非常严格的生产和质量控制技术来克服。

起初，伊莎贝尔的设计看起来坚实而周密。1975年生产出了第一款具有正确规格的新型加速器的超导磁体，并顺利通过了所有测试。该加速器项目得到了资助，并被正式批准为对美国具有战略重要性的倡议。1978年10月27日，一柄鹤嘴锄砸在地上，标志着建设的开始，一切似乎都很顺利。直到 1979 年 1 月，据说可以保证工业生产的第一块磁铁才从西屋运来。它没有通过所有测试。第二块磁铁到来，历史重演。结果是该项目物理学家和西屋工程师之间无休止的责任推脱。新加速器项目因此延迟数年，为欧洲核子研究组织打开了机会之窗，而卡罗·鲁比亚很好地利用了这一机会。当伊莎贝尔显然输掉了游戏时，这个项目就被彻底放弃了。1983 年 7 月，在鲁比亚宣布发现 W 和 Z 玻色子的几个月后，美国在已经花费 2 亿美元之后，宣布取消伊莎贝尔的项目。

1983 年的冲击解释了物理学家和美国政府的许多后续行动，现在已经演变成一场在行星层面上争夺高能物理领域霸权的明确竞赛。在与美国的直接竞争中，欧洲核子研究组织第一次证明了自己可以做得更好。我们需要做出反应。

短期内，所有最好的资源都集中在芝加哥附近的费米实验室，事实证明它能够主导超导磁体技术，并投入运行兆电子伏特加速器（Tevatron），这是一种正负质子对撞机。与促成鲁比亚发现的加速器类似，但能使质子流达到四倍高的能量。一个新项目立即构思出来了，它将永远重申美国在该领域的地位，并让欧洲的野心在萌芽阶段消失。

伊莎贝尔实验关闭的同一年，在现任费米实验室主任利昂·莱德曼坚定推动下，建造巨型加速器的想法得以实现。超导超级对撞机（SSC）周长达 87km，质子可被加速到 40 TeV 的能量，比伊莎贝尔预测的能量高一百倍，并且该加速器被 8 700 个超导磁体偏转，类似于上千个磁铁被兆电子伏特加速器成功开发。它成为世界上最大、最强的加速器。这使发现希格斯玻色子成为可能，并揭示出物质最内在的秘密。最重要的是，它将恢复美国在高能物理领域的首要地位。

必要技术的发展将使超导体有力地进入分配电功率的新方法领域；管理产生的数据量所必需的新方法将会重申美国在高性能计算领域的首要地位。

在里根当政的年代，超级加速器的想法是受欢迎的，它的建造总部选在得克萨斯州的一个半沙漠地区，靠近达拉斯一个名字叫“沃克西哈奇”的小镇，沿用了一个世纪前居住在这片平原上的土著人的语言，意为牛尾。44 亿美元的预算虽然很高，但对美国这样一个资源丰富的国家来说是可以接受的。毕竟，美国国家航空航天局（NASA）在同一年也承诺向国际空间站提供同样数额的资金，这是一个太空合作项目。

超导超级对撞机项目于 1987 年获得批准，资金立即开始注入。数十名物理学专家和数百名刚获得博士学位、才华横溢的年轻人，带着他们的家人，搬到达拉斯南部的棉花田之间，在那里修建了第一批建筑。在地下几十米深的地方，巨大的机械鼹鼠开始挖隧道。

与此同时，欧洲核子研究组织怀着发现 W 和 Z 玻色子的热情，开启了一项崭新的、雄心勃勃的项目——大型正负电子对撞机，一个大型电子加速器，致力于对 W 和 Z 玻色子这两个新来者进行精密研究。每年数百万的 Z 玻色子需要将电子和正电子加速到每束 45

GeV 的能量，并且只有一种方法来限制同步辐射造成的损耗：通过最大化曲率半径。结果产生了一个周长 27km，挖掘到了地下一百米处的巨型加速器。就在鲁比亚宣布发现 Z 玻色子和 W 玻色子的神奇的 1983 年，美国取消了伊莎贝尔项目，莱德曼提出了超导超级对撞机项目。

这台新机器的主要目的是测量携带弱相互作用的玻色子的所有特性，特别是它们的质量和性质，并将它们与标准模型的预测进行比较。他们已经计划将束流的能量提高到 80 GeV，以产生成对的 W 玻色子，如果可能的话，还会进一步寻找超对称性或希格斯玻色子。下一步已经在脑海中了。那条隧道将来可能容纳一个巨大的质子加速器。如果这项技术可以生产两倍于兆电子伏特加速器的超导磁体，它可能会导致 14 TeV 的碰撞。

大型正负电子对撞机的挖掘工作立即开始了。该项目由意大利物理学家埃米利奥·毕加索负责。只要深入日内瓦广阔的冲积平原，一切便会顺利进行，这些稳定的沉积物层也许是由汝拉的第四纪大冰川形成的紧实的磨砾层或是由冰碛组成的基质层。当现在的阿尔卑斯山脉还静静地立在海底时，这些沉积层一直延伸到了海中。我们在汝拉山下挖掘时，意外接踵而至。汝拉是高压水的迷宫，是可达到 40 倍大气压的真正的地下河。为了减少穿山隧道的长度，设计进行了多次修改。最初计划的 8km 被减至 3km 左右，所有的努力都是沿着一条避开已知含水层的道路进行，但没有办法完全避开它。在山下，隧道是用炸药炸开的，突然之间，我们面临着工程师们千方百计想要避免的噩梦。地质地图没有预见到的高压水源侵入了隧道。距离隧道竣工还有几百米，但工程必须放慢速度，在现场找到新的解决方案。在 2008 年，加速器的 3-4 扇区发生故障，导致大型强子对撞机瘫痪一年。

尽管困难重重，这项工程仍如期完成，法国总统弗朗索瓦·密特朗于 1989 年 7 月 14 日为庞大的基础设施建设揭幕。这个日期不是随意选定的。这个“指环”是欧洲科技的骄傲，它与法国大革命两百周年的盛大庆典相得益彰。

当大型正负电子对撞机开始工作并产生出色的结果时，卡罗·鲁比亚，是的，他刚刚被任命为欧洲核子研究组织的总干事，正在重新向刚批准了超导超级对撞机项目的美国发起挑战。1990 年，他向全世界宣布：在新的大型正负电子对撞机环上（现在拥有电子和正电子），我们将通过质子循环来建造大型强子对撞机——欧洲版超导超级对撞机。

欧洲核子研究组织新型加速器的能量受到环尺寸的限制。在 27 千米的圆周上，即便使用仍在研发中的最先进的超导磁体，要达到预期的 40 TeV 的能量也是不可想象的。大型强子对撞机的 14 TeV 意味着将产生更少数量的大质量粒子，如希格斯玻色子，因此不太可能在与美国的竞争中获胜，但是失去的能量可以通过提高亮度来恢复。鲁比亚决定大型强子对撞机的亮度将比预期的超导超级对撞机高 10 倍，但是高亮度意味着非常高强度的束流、大量几乎不可能管理的粒子，探测器将被辐射烧毁，如此先进的技术被认为是不可能实现的。这是只有疯子才能想到的东西。

物理学家和加速器专家开始准备这个项目的细节工作。鲁比亚请另一位意大利人乔治·布里安蒂来主导这个项目，乔治·布里安蒂是加速器和磁铁领域的顶尖专家。这个选择再合适不过了。布里安蒂提出了一个绝对创新的解决方案，这将节省大量资金。与其为两个反向运动的质子束建立两条独立的束流线，他建议把两个独立的真空管放在一起，让质子束在同一个磁体中循环。这是一个聪明的举动，它使机器所需的磁铁数量减半。

因此，已经开挖的大型正负电子对撞机隧道和修建基础设施的大型强子对撞机能够指望在磁铁上节省大量资金。遵循传统设计需要的 2 500 个偶极磁铁，现在只需要一半。简言之，建造大型强子对撞机的成本将比建造小型强子对撞机的成本低，但能产生同样的结果。许多人认为这是虚张声势，挑战依然存在。

1992 年 8 月 6 日，达拉斯酷热难耐。第 26 届高能物理会议在此召开，以庆祝美国新的伟大科学成就。成千上万来自世界各地的物理学家聚集在这个地方，美国正象征性地准备重申他们的首要地位。他们带我们去了沃克西哈奇。我们看到了全新的测试线，第一批磁铁符合规格。我们参观刚建成的大楼，里面已座无虚席。我们戴着头盔下到通往隧道的大坑洞。隧道已经挖了好几千米，一切看起来闪闪发光，完美无瑕。盛大聚会的一切准备就绪。

当鲁比亚开始发言时，会议室里出现了一种超现实的沉默。卡罗用他的数十张透明胶片激怒了观众。结论是生硬的：大型强子对撞机将在 1998 年完工，它的物理性能将和超导超能对撞机一样，但成本将减半。

一直名列前茅的美国人，不习惯感受这些胆大妄为的欧洲人的气息，他们无法掩饰自己的愤怒。每个人都知道鲁比亚也是在虚张声势。大型强子对撞机的成本不会那么低，最重要的是，在指定的时间内建造磁体是不可能的，但挑战已经开始，观众知道，从现在开始，事情会变得更加艰难。

在欧洲，一群富有冒险精神的年轻人开始为大型强子对撞机项目设计和开发几乎不可能完成的探测器，而在美国，超导超能对撞机受到欧洲核子研究组织带来的压力，开始遇到严重的困难，特别是在预算方面。

早在 1989 年该项目就进行了一次初步费用审查，将初步概算提高到 59 亿美元。后来，为了确保更好地管理业务，一个专家委员会提议修改磁铁的设计，其开口必须从 4cm 增加到 5cm。这看起来似乎是一个小细节，但随着更大的开口，磁场就会减少，对整体成本的影响相当大：要么建造更多的磁铁，要么加长隧道。结果：1991 年，该项目的成本估计为 86 亿美元。当无数次修订后将整体成本提高到 115 亿美元时，每个人都明白，这个项目已经完了，这是一场灾难。1993 年 10 月 27 日，在关闭伊莎贝尔项目的 10 年之后，也就是卡罗・鲁比亚在达拉斯发起挑战的一年后，美国国会以 283 票对 143 票的压倒性票数，取消了超能超导对撞机计划。已经挖掘的隧道全长 23km，耗资 20 亿美元，在未来数年里，它将无声地见证 20 世纪最轰动的科学失败之一。1 500 名物理学家、工程师以及技术人员在几周内就被解雇了，他们已经在这个项目上工作了数年。

这件事震惊了整个国际科学界，对美国高能物理学家来说是一次巨大的打击，他们可能永远无法从那场灾难中恢复过来。

具有讽刺意味的是，在取消超能超导对撞机项目的同一年，利昂·莱德曼，该项目的发起人之一，出版了他最著名的书籍，该书使得追寻希格斯玻色子的主题成为公众感兴趣的话题——《上帝粒子：假如宇宙是答案，究竟什么是问题？》

不可能的探测器

20 世纪 90 年代初我们在欧洲核子研究组织以小组的形式，讨论当时正在设计的新型加速器——大型强子对撞机，距今已经二十多年了，这一切如同昨日发生的一样。我还记得在欧洲核子研究组织咖啡厅的餐巾纸上，围绕用钢笔勾画的巨型探测器概念图展开的热烈讨论。

那些年有着充满激情的讨论、令人难以置信的热情和让人痛苦的失望。还有一些冲突——经常是激烈的冲突，因为很多同事认为我们有点疯狂：我们提出的技术太超前了，大型强子对撞机的高亮度环境太不友好了。许多更有经验的同事得意扬扬地看着我们，好像在说："祝你们好运，但你们永远不会成功。"其他人则对四十岁左右新一代的物理学家感到惊讶，这些物理学家认为自己能在其他人都失败的地方取得成功——发现希格斯玻色子。

一小撮先驱者的梦想现在已经成为现实，而且，正如经常发生的那样，现在它似乎只是一个由成功和荣耀组成的故事。事实上，这是一次冒险，而且是一次非常困难的冒险，总是处于巨大成功和失败的风险之间。

现代粒子探测器是一种巨型数码相机，原理很简单。每台加速器都有一个或多个特殊区域，称为相互作用区，在这里，束流彼此交叉，集中在无限小的尺寸上并引起碰撞。为了记录和了解碰撞过程中发生的情况，需要使用探测器系统，这是一种基于高度敏感的传感器设备，能够记录离开相互作用区的粒子所产生的最微小的能量释放。

在加速器中，质子以极其密集的粒子束形式传播。每一束包含大约 1 000 亿个质子，当它们到达相互作用区时，集中在一个直径约 0.01mm、长度约 10cm 的丝状区域。两个相邻数据束之间的时间间隔是 25ns（十亿分之一秒），大型强子对撞机最多可以容纳 2 800 个数据包。或者，大型强子对撞机的碰撞是脉冲式的，在确定的时间间隔内发生，由一个非常精确的同步电路调节。相互作用区周围的传感器接收到宣告质子束到达的信号，并准备好读出电路，以便记录碰撞过程中相互作用区周围发生的情况。

一切都必须非常迅速地发生，因为另一组束子立即到达，探测器必须准备好记录下一个事件。其原理与现代数码相机的原理类似。大约 1 亿像素的碰撞图像是由分布在探测器体积内的单个传感器组成的，所有的信息都被记录在磁盘上，以便从容地、离线地检查图像。

每张图片的大小，1 兆字节的数据，与普通的数码照片相比并没有太大的差异。令人惊讶的是速度。大型强子对撞机探测器以每秒 4 000 万张的惊人速度拍摄数字照片。如果要保存所有的图像，数据量将会过多。没有任何系统能够处理每秒 40 拍字节（petabyte）如此庞大的信息流。即使你能做到这一点，你也不知道该把它存储在哪里。如果用 10 G 内存的 DVD 把它记录下来，我们每秒需要 4 000 张光盘，很快我们就不知道该把它们放在哪里了。在数据采集的一年里，这些 DVD 将超过 400 亿张，叠放在一起将高达 40 000km。

为了解决这个问题，成千上万的微处理器被整合到检测器中，在很多情况下是连接在一起的。当碰撞中发射出的粒子所产生的信号被局部记录下来时，微处理器就会重建全局信息，并很快详细阐述关于碰撞类型的假设。正如我们前面看到的，在绝大多数情况下，质子之间的碰撞会产生轻粒子和众所周知的物理现象，所以这类事件会立即被丢弃。而重点是潜在的有趣事件，这非常罕见。做出这种选择的电路被称为“触发电路”，它在百万分之一秒内决定哪些事件需要记录，哪些事件需要丢弃。在每秒 4 000 万个事件中，最终被选中的不到 1 000 个。因此，信息的数量将变得可管理，尽管需要开发基于分布式计算的新结构。实验仪器的尺寸也令人印象深刻。高能碰撞意味着产生的粒子会衰变，从而产生其他穿透性极强的粒子流。有些在传感器材料中移动了几米后才被吸收，有些甚至逃脱了最庞大的仪器，我们只能通过重建部分轨迹来测量其特性。因此，大型强子对撞机的物理设备变成了巨大的建筑物，高达五层楼，且重量如同一艘巡洋舰。

似乎这一切还不够，传感器必须是超快速的。碰撞以如此疯狂的速度接连发生，以至于只能使用最快的探测器，那些能在不到一秒的时间内记录到最小信号，并立即为下一个事件做好准备的探测器。

最后，由于大型强子对撞机把一切赌注都押在了高亮度上，在相互作用区周围每秒钟产生的粒子数量将会非常大，因此，这一区域周围的一切——传感器、电子设备、支撑结构、电缆和信号纤维——都必须具有前所未有的抗辐射能力。否则，在几个月或几年的活动之后，这些非常精密的仪器将永远停止工作，将会损失巨大的投资。

庞大的结构，重达数千吨，包含数百万个超高速传感器，抗辐射并且智能，能够在几百万分之一秒内评估新收集的事件是丢弃还是值得记录。难怪当我们提出构建大型强子对撞机探测器时，每个人都认为我们疯了。我们都知道事情一点也不容易。

4

突如其来的瓶颈期

香肠和黑洞

日内瓦，2008年9月9日晚上9点30分

还有几个小时就要离开大型强子对撞机了，一些前所未有的事情正在发生，这是高能物理史上空前的事情。全世界的注意力都集中在明天日内瓦将发生的事情上。数十名电视台工作人员和数百名记者蜂拥至欧洲核子研究组织，在咖啡厅或办公室的走廊里追着我们做采访。这一切都始于几周前，一开始没有人留意。我们很多人都开始收到这样的邮件："停止实验！你们冒的风险不仅是毁灭你们自己，还有地球上所有的居民，他们没有你们这些日内瓦科学怪人那么傲慢自大。"

在每天收到的数百封电子邮件中，总有一些奇怪的邮件。通常，只要把它们删掉就行了，但这一次，情况似乎有所不同。随着时间的推移，这样的电子邮件越来越多，然后，请愿书和令人担忧的新闻开始在网上流传。尤其，有一段视频在网上病毒式地传播开来。

这段视频显示了整个地球在几分钟内被大型强子对撞机产生的微观黑洞吞噬。怪物生长迅速，首先吞噬加速器，然后吞噬日内瓦和市里的湖泊，最后吞噬整个星球。视觉效果令人震撼。就连《时代周刊》这样的新闻媒体都以《对撞机引发的世界末日恐惧》为标题报道时，我明白这件事不可忽视，也明白解决这件事将耗费大量的时间和精力，而我们本想把这些时间和精力投入最后的准备工作。

这一切都是由两个奇怪的家伙发起的，从2007年3月开始，他们想尽一切办法让人们谈论他们。一个是奥托·勒斯勒，他是一位退休的德国化学家；另一个是沃尔特·瓦格纳，他是一位居住在夏威夷的退休人员，曾在反应堆安全领域工作。近十年，瓦格纳一直在美国法庭上谴责每一台新加速器的负责人，指控他们冒着毁灭地球的危险做研究，但没人认真对待他。勒斯勒向欧洲人权法院提出上诉，但没有得到更好的结果。

在等待大型强子对撞机中的第一批粒子束进入循环时，这两人都疯了。他们的讲述很可怕："几周或几个月后，有人会看到一束光从地球中心射入印度洋，然后太平洋也会发生类似的事情，这将是末日的开始。""第一次碰撞就会形成一个微观黑洞，起初，没有人会注意到任何东西。这个饥饿的小怪物会开始吸引并吞噬它遇到的所有物质，在接下来的几周内什么也不会发生；然后，突然间，当它的质量达到巨大的规模时，没有人能够阻止它，整个星球将在眨眼之间被吞噬在《圣经》中世界末日的闪光里。"

在一个正常的世界里，没有人会认真对待他们，但我们生活在一个不正常的信息社会里。灾难的想法激起了数十亿人的好奇和恐惧。这条耸人听闻的新闻上了头条，大标题引起了人们的注意并且大卖。有一个人开始这样做，其他人将不可避免地效仿，就像雪崩一样。在这种情况下，使用理性的论证是没有用的，因为面对恐惧你不会思考，只会逃跑。在这种情况下，我们也无能为力。欧洲核子研究组织发表了一份长达数十页的详细报告，报告中显示，所有新闻使用的论点都是荒谬的，在大型强子对撞机中不可能产生危险物体。这并不能阻止集体恐惧，所以我们仍然在这里，年复一年地向记者解释，大型强子对撞机的黑洞，如果产生，会在瞬间蒸发，只在我们的系统中留下非常微妙的痕迹；我们引以为豪的加速器产生的能量，对我们来说似乎是巨大的，但与数十亿年来一直在轰击地球的宇宙射线相比，这根本算不了什么，诸如此类。

我很抱歉这一切降临到脆弱的人身上。在这些日子里，有些人真的害怕一切都会结束；人们遭受了严重的痛苦，母亲们担心自己孩子的未来，找不到让她们安心的方法。

晚上 9 点 30 分，我收到了塞尔吉奥的邮件，他是我在比萨的老朋友，这让我心情愉快。他告诉我，他一直在关注网络上关于黑洞的讨论，并且他不太相信网上的言论。他刚吃完他最爱的菜肴：烤香肠。他大饱口福，喝了不少藏在地窖里的好酒。他产生了一个可怕的疑问：如果他们说的是真的呢？如果一切在几个小时内就结束了呢？塞尔吉奥知道我在风暴的中心，我可以得到第一手的消息。他回忆起过去的友谊，向我寻求冷静的建议。“圭多，如果你有哪怕是丝毫的疑问，请让我知道。拜托，如果一切都必须结束，我会毫不犹豫地扑向桌子中央那盘仍在诱惑着我的香肠。”

我笑着回答，让他安静地上床睡觉，最重要的是不要丢下香肠。他将有足够的时间吃他最喜爱的菜肴，或者在接下来的日子里，他会做得更好，想要对他的肝脏好一点。

超级显微镜

一个多世纪以前，卢瑟福勋爵曾证明，通过用氦原子核轰击一片金薄片，可以研究物质最内部的结构。氦原子核是放射性物质衰变释放出来的，当时被称为 α 粒子。卢瑟福巧妙地证明了，金原子有一个非常小的原子核，所有的正电荷都集中在这个原子核里。这个实验让我们建立了一个今天仍然有效的原子模型（一团电子围绕着原子核运动），为量子力学铺平了道路（经典力学无法解释为什么电子在其运动中不会因辐射而损失能量，并且最终没有落入原子核内），并且这也是使用大型粒子加速器进行现代实验的鼻祖。

从卢瑟福开始，人类开始用越来越高能的发射物来探索物质。电子和 α 粒子首先被宇宙射线所取代，宇宙射线是一种来自太空的连续不断的高能粒子流，从四面八方不停地轰击我们。最终，从 20 世纪 30 年代开始，当人们可以在实验室里产生并加速电子束和质子束时，加速器时代拉开了帷幕。

通过将电子、质子或重离子加速到非常高的能量，并使它们相互碰撞，微小的物质碎片的能量和温度就有可能达到在早期宇宙的极端条件。这样，就有可能在实验室中，在可控的条件下，重现那种大爆炸后大量散布于宇宙中而当下无法生存的粒子生态。

我们也可以把加速器想象成超级显微镜，它可以用我们具备的穿透性最强的辐射——高能质子——扫描物质，以突出微小的细节。

辐射或粒子的能量和波长成反比：能量越高，相应的波长就越短，我们的显微镜分辨率就越好。只有粒子加速器中的高能电子和质子才有可能将质子的细节可视化，质子的大小是 1fm（10^{-15}m），甚至质子的内部组成部分，如夸克，其尺寸小于 1am（10^{-18}m）。即使夸克是复合物质，就像质子一样，它们的结构也可以在未来被探测到。用拥有足够能量的发射物来探索这些新的基本物质成分的微小尺寸。

因此，粒子加速器可以被视为超级显微镜或时间机器，能够带我们回溯数十亿年前，看到发生在非常遥远时间里的现象，理解在大爆炸之后的瞬间。它们是已灭绝粒子的工厂，因为它们（通过高能碰撞达到真空的结构）能够使粒子或物质状态在几分之一秒内重现，而这些粒子数十亿年间都不存在于我们的宏观宇宙中，这些物质状态通常只存在于遥远或完全不可触及的角落。

大型强子对撞机，伟大的加速器，是这一研究领域的典范。

宇宙中最冷的地方

建造像大型强子对撞机这样的加速器绝非易事。当美国的超导超级对撞机项目在 1993 年被取消时，欧洲核子研究组织最初的热情很快被担忧所取代。又一次证明鲁比亚之前是对的，但现在没有借口了，我们真的需要建造大型强子对撞机：一台未来主义的机器，成千上万极其复杂的磁铁，具有控制和保护系统的超高强度束流，所有这些都有待发明。即使是最大胆的专家也会感到血管和手腕颤抖。疑虑开始蔓延：如果这是我们力所不能及的事情呢？并且如果那些年长的物理学家们是对的，他们当中的一些诺贝尔奖得主会一直微笑着对我们说："这样的机器绝不会正常运作吧？"

怀疑是有道理的。要建设新的加速器，与迄今为止所做的一切相比，有必要进行一次质的飞跃。为了让 7 TeV 能量的质子在轨道上运行，对磁铁的测试必须达到 9.7T，大约是地球磁场的 10 万倍，这是在加速器中从未达到过的数值。

乔治·布里安蒂采用了两个束流在同一磁体内循环的设计，这个设计优雅而巧妙，但也很复杂。任何一个微小的缺陷都会对轨道的稳定性造成灾难性的影响。要控制高强度束流，使其在 27km 的环形轨道中每秒转 11 000 转并且保持 10 ~ 12h，这是一项非常艰巨的任务。任何微小的扰动，引导路径的 1 232 个磁铁在特性上的任何差异，都会干扰质子包的传播并危及机器的正常运作。

随之而来的还有控制储存能量和保护磁铁及设备的问题。大型强子对撞机束流的能量可以与以每小时 150km 的速度运行的火车的能量相比，这种能量集中在束流中，在距离精密仪器几毫米的距离内循环，这对所有保护系统专家来说都是噩梦。如果没有考虑到磁铁本身所储存的能量，可能会造成无法弥补的损害。

还有另一个麻烦。质子在同步加速器的光辐射下损失的能量很少，对循环束流的影响并不重要，但损失的能量会储存在非常低的温度下运行的机器部件中，低温系统需要达到足以吸收这额外的不稳定来源的规模。

最后是辐射损害。隧道里的所有物体都会受到粒子流的撞击，这会对任何系统产生压力。在普通电子设备停工几个月的情况下，电力线路和控制系统必须继续存在。一切都将使用有待开发的创新部件进行设计，也必须发明新的材料来取代那些在最暴露的区域中由于辐射的影响而变形、变硬或破碎的材料。

林恩·埃文斯是一个富有魅力、粗犷的威尔士人，父亲是克姆巴赫村的一名矿工。这个村庄的名字很难发音，坐落于卡迪夫郊区周围的山丘中。

多年以后，在一个特别放松的夜晚，林恩一边喝着啤酒，一边向我承认，他从小就对物理感兴趣。他还记得自己扮演小化学家时在家里引起的一些小爆炸。他的第一个实验室是家里的厨房。他的母亲猛敲他的后脑勺作为对实验的回应，当他父亲晚上从矿井回来时，他也得到了教训。

林恩的体格令人印象深刻，他是一个天生的领导者。他很少微笑，不怒自威。当有需要的时候，他不求助于别人，他也知道这很难。但他比任何人都了解加速器的所有秘密。当乔治·布里安蒂于 1994 年退休，林恩被任命为项目负责人时，每个人都知道他是合适的人选。如果有一个人能完成这项任务，那就是他。事实上，在接下来的 14 年里他便担任这一职务，一直到加速器开始工作。

林恩给项目的标记立等可见。鲁比亚所指出的不现实时期显露了出来：无非是虚张声势，让美国人陷入困境。然而，该项目现已获得批准和资助。林恩让世界各地的数百名工程师和物理学家来工作：寻求印度的帮助，欧洲核子研究组织召集专门的人员来测试大批量生产的磁铁。吸收俄罗斯新西伯利亚最好的专家，参与大型强子对撞机质子传播的生产线。向费米实验室的美国专家和 KEK 实验室的日本专家寻求帮助，生产一种特殊的磁铁，其目的是将束流聚焦在相互作用区域周围。尽管欧洲核子研究组织发挥了决定性的作用，但从一开始就很明显，这是一个全球性的挑战。

因此，欧洲核子研究组织最好的物理学家和工程师专注于设计最关键的部件：磁体、低温学、光学和控制系统。

作为磁体的冷却系统，我们选择将磁体浸泡在液氦浴中，温度为绝对零度以上 1.9 度，等于 −271.1°C，比美国兆电子伏特加速器的磁体低几度。因此，这个温度比外太空的平均温度约低 1 度，欧洲核子研究组织成了宇宙中最冷的地方。降低温度，即使是轻微的降低，也意味着为磁铁运行争取了余地。磁场和电流密度越高，越需要降温来维持稳定的超导状态。

很明显，这项工作正处在不可能的边缘。导致伊莎贝尔项目失败的惨痛教训，仍在每个人的记忆中。林恩意识到，能够制作出符合规格的原型很重要，但这并不意味着什么。真正的挑战是组织和管理数以千计的磁铁的工业生产，这些磁铁必须几乎完全相同。我们说的是 16m 长、27t 重的玩具。把它们放在一起，已经是一个令人恐惧的任务了。它们都必须在水平面中以很小的曲率组装，以沿着隧道的整个环圈伴随粒子的轨迹，并且有必要考虑与常温之间的转变引起的收缩和变形。所建车间的工作温度须为 −271.1℃。似乎这还不够，超导线材的绕组和浸透它们的薄绝缘层必须非常完美，才能产生相同的、可复制的磁场，达到差异率为一万分之一的最佳水平。

通常，当有问题需要解决时，人们就会咨询一个意大利人。卢西奥·罗西是来自米兰的教授，磁铁专家，有着高超的管理技巧。他研制了大型强子对撞机磁体的第一个原型机，并取得了成功。1994 年布里安蒂在欧洲核子研究组织展示的磁铁，是大型强子对撞机被批准的决定性因素，它是与意大利国家核物理研究院（INFN）合作建造的。2001 年，林恩选择卢西奥来管理项目的这一关键阶段，他毫不犹豫地离开了大学课程，一头扎进热情、恐惧和焦虑的工作中，直到几年后，当最后一块磁铁安装在加速器上时，他才从隧道中出来。为了制造大型强子对撞机的 1 232 个超导偶极子，欧洲核子研究组织不仅设计了磁体的每一个细节，而且还设计了所有必要的设备。三家公司参与其中 —— 一家意大利公司，一家法国公司，一家德国公司。每个公司都被要求生产供应量的三分之一。如果其中一个公司失败了，其他两个公司可以接管。尽管存在延期和无数的问题，但最终，我们赢得了决定大型强子对撞机成败最重要的赌注。

不过，加速器的建设充斥着无数的技术风险和财务危机。没有一个部门幸免于此。磁体的生产，低温技术，真空，甚至最后为了聚焦束流的磁体，理论上必须相对标准，必须由美国人和日本人制造，但事实证明是有问题的，需要许多干预和改进。最后，这一切都转化为成本的增加和加速器启动日期的持续变化。

1998 年鲁比亚在达拉斯挑战了超导超级对撞机的支持者们，当时定的最初日期很快就要到了。另一方面，每个人都知道他利用了这个时间点，他像是在公牛面前挥舞着它，让公牛低着头冲过去，然后用一根棍子把它打死，有点像斗牛士利用穆莱塔的手法。最终，在技术上的延迟和消化额外成本的需要之间，一切都缓慢且不容置疑地延后了十年。1994 年所指出的 26.6 亿法郎的巨额费用已成为更为现实的数字，即 46 亿法郎。欧洲核子研究组织设法通过 10 年期贷款获得这些资金，并大幅削减人员数量和一般运营成本。

和我上司的争吵

当林恩和他的团队在离测试磁铁原型的棚屋几百米远的地方忙着与逆境抗争时，激烈的讨论开始了。实验物理学家的巨大挑战，早在大型强子对撞机项目被正式批准之前就开始了。自 1984 年开始大型正负电子对撞机挖掘工作以来，已经举行了几次会议，转折点出现在 1990 年，当时数百名年轻的物理学家聚集在古老的亚琛，那里仍然保留着查理曼大帝统治神圣罗马帝国的石头王座。

他们提出的新实验和形成大型国际合作的机制如下：这一切都源于个人或小组的主动性，他们自发地写文章，提出想法，并在最有声望的地点、大型研究实验室或大学讨论这些想法。这种情况早在项目获得批准之前就存在，但仍有可能一事无成，就像伊莎贝尔和超导超级对撞机项目的情况一样。这是一个美丽、混乱和狂野的阶段，人们可以毫无顾忌地提出天马行空的想法，这些想法往往是无法实现的，有时是革命性的，打破了当时使用的范式。然后通过一种选择，在这种选择中，想法被过滤和净化。通过自发的聚集，一些小团队共享相同方法的协议悄悄地出现了，并开始提出一个具体的提议：在前一阶段盛放的数百朵野花，被组织成一个连贯的花园项目。他们提出了一个实验，并在一个简短的文件中进行了描述，并附有意向书，阐明了一般原则、目标和实现目标所需的基本技术。

在这一点上，第二个阶段开始了，自发性减弱，结构性增强。在这个阶段里，资助机构、大型实验室、有组织的团体、国际领域的高能物理学负责人纷纷行动了。伟大的合作诞生了，各方同时考虑了必要的资源，试图与重要的机构达成共识，有时在项目上做出妥协以换取政治和财政支持。实验方案变成了一个清晰的计划，工程师将其具体化，并呈现在更详细的图纸中，以更精确的方式评估成本，我们开始看见建造的各种责任将如何分配。

在这个过程的最后，有一个真正非常困难的选择。一些建议被接受，另一些则被无可挽回地拒绝，只有正式批准的实验才能开始冒险。

1990 年 10 月，在亚琛碰面之前，我就和米歇尔·德拉·内格拉[①]打过交道。我和上司争吵，被迫去了亚琛。他不同意我把精力投入一个他觉得永远不会成功的项目。他认为我做的事严重浪费时间。和我一起工作的小组其他成员听到我们在我的书房里尖叫时，都惊呆了。那样大声说话是不常见的，但是，那一次，我也失去了理智。毕竟，我只是提议他在德国参加几天讨论新探测器的会议。我有一个想法，对我来说似乎很疯狂，但它行得通，我想去亚琛展示并讨论它，那里有 100 个梦想在大型强子对撞机中发现希格斯粒子的疯子。我的老板很不高兴，非常不高兴。也许他预见到不久之后会发生什么，我将去建立另一个项目，组成我自己的小组。也许他比我自己还要早些意识到，我们最终将分道扬镳。

就在那一刻，我感到一种责任：我有责任提出我的想法。长话短说，他威胁我，我板着脸回答。最终我设法离开了，但我和他的关系将不可挽回地受到损害。这是我经常对我的团队中最年轻的成员讲的一个故事："如果你在追逐梦想，不要听那些试图约束你的人讲的话，即使他们是世界上最权威的物理学家。去激情指引你的地方，也许你不能实现你的梦想，但你肯定不会后悔。"

---

① 米歇尔·德拉·内格拉（Michel Della Negra），生于 1942 年，是法国实验粒子物理学家，以其在 2012 年发现希格斯玻色子中的贡献而闻名。

紧凑渺子线圈的水晶之心

我去了亚琛，提议使用非常精细的硅探测器作为示踪剂。追踪器是现代粒子物理实验的核心，也是还原事件的大型数码相机最重要的部分。它们通常是制造过程中最复杂和最困难的部分，因为它们是围绕相互作用区的探测器，紧邻发生碰撞的真空管外部。它们的目标是记录数百个在相互作用过程中产生的带电粒子在转变中的微弱信号，重现它们的轨迹并测量它们的特性。大型强子对撞机预计所需的能量和亮度如此之高，以至于当时使用的所有技术都无法发挥作用。人们普遍意识到这是最棘手的问题之一，甚至鲁比亚都放弃了。卡罗提议用铁球探测器，这可不是开玩笑。他认为还原在大型强子对撞机中出现的痕迹是不可能的，并且没有探测器能承受核心设备所产生的极端环境，因此他提出，在相互作用区周围放置一个直径数米的大铁球，并在其外部装备 μ 子探测器。在相互作用中产生的所有粒子都会被铁吸收，只有最具穿透力的 μ 子会从地狱中出来。按照标准模型的说法，一个希格斯玻色子衰变成四个高能 μ 子时，是无法逃脱的。然而，这次鲁比亚的方法错了，无法奏效。我们对此深信不疑。如果不了解这台仪器的核心发生了什么，就不可能发现希格斯粒子。你需要确定这四个 μ 子来自完全相同的点，并且它们不是由随机重叠的相互作用或其他粒子的衰变产生的。

硅探测器是我最了解的技术之一。我是世界上最顶尖的专家之一。从青年时代开始，我就是这个领域的先驱之一。虽然我和老板吵了一架，但我们一起开发了实验室里的第一批探测器，并让它们工作起来。在实验中，它们让我们能够清楚地看到粒子的细节，从而引出了一系列新的测量方法。

超纯硅的薄晶体，类似于电子设备中使用的晶体，对带电粒子的通过很敏感，可以在相隔百分之几毫米的血小板中获得无数的电极，这些电极收集由粒子通过而产生的微小电荷云。超灵敏的放大器记录信号：通过这种方式，轨迹的点可以精确到几微米，就像在显微镜下一样，重现轨迹是小把戏。使用硅探测器，你可以将相互作用的细节形象化，否则这些相互作用的结果将完全让人困惑。

我的想法是，它们是大型强子对撞机的正确选择。我一说起这件事，大家就都撇嘴。他们是对的。在大型强子对撞机的环境中，目前的探测器只能维持几周时间。事实上，辐射改变了硅的特性，如果没有采取特殊措施的话，探测器很快就变得没用了。此外，当时还没有公司能够大量生产这些晶体，而我们需要数百平方米的晶体。它们是非常昂贵和复杂的物品，世界上只有很少的公司能够制造它们。如果要装备大型强子对撞机的仪器，晶体的数量需要比 20 世纪 90 年代使用的数量多上数百倍，而单位成本要低十倍。然后我们不知道如何制造读取数据所需的电子设备。数以百万计的微型放大器也将不得不承受可怕的辐射，真是疯狂。

当我和米歇尔·德拉·内格拉谈起这个问题时，他的眼睛立刻亮了起来，他对我说："这个想法对我来说似乎不错，你为什么不跟我们一起合作，让我们把这个想法付诸实践呢？"

米歇尔·德拉·内格拉是一位法国物理学家，他的姓氏暴露了他遥远的意大利血统。他毕业于巴黎综合理工学院，与鲁比亚一起发现了 W 和 Z 玻色子。和其他才华横溢的年轻人一样，在实验结束后，他更喜欢走自己的路，离开了性格强硬的大老板，他倾向于粉碎和吞噬所有人，甚至他最出色的合作者。米歇尔身边总是有一位印度血统的英国物理学家，他的伙伴泰津德·维尔迪，大家都叫他吉姆。一个真正的战士，就像他的家族传统上属于锡克教徒一样。他出生在肯尼亚，毕业于英国，在英国这样一个极端保守的学术机构中，他与各种偏见和障碍做斗争。他也和鲁比亚一起工作过，在那里他遇到了米歇尔，并成为很好的朋友，他们决定一起开始一场新的冒险。

在亚琛与米歇尔的会面改变了我的生活。我加入紧凑渺子线圈项目是因为我一开始就喜欢米歇尔。他比我大几岁，意志坚定，是个实践派，能力突出却不太倾向于表现自我。米歇尔在吉姆的帮助下提出了紧凑渺子线圈项目简单而优雅的设计，我们在咖啡桌上讨论了几周，在餐巾纸上绘图。这个设计因其美丽和散发出的无与伦比的清晰，赢得了我的心。

鲁比亚把一切都押在了 W 和 Z 玻色子衰变成电子的过程上。为此，他在磁铁中安装了一个中央示踪器，并在周围安装了一个电磁量热计，这是一种专门吸收电子和光子并测量其能量的探测器。在磁铁内部，电子的轨迹和脉冲被重现，它们被量热计完全吸收，因而能被识别出来。

基于当时的超级质子同步加速器（SPS），这个想法非常适合该实验，但是大型强子对撞机的亮度会高出 1 万倍，并且在 20 世纪 90 年代，我们还不知道是否有可能在数百个其他粒子碰撞产生的痕迹中识别出电子。这就是为什么米歇尔决定把所有的精力都集中在 μ 子上。μ 子比电子重，与物质的相互作用很小，可以穿透几十米的厚度。

紧凑渺子线圈围绕着一个巨大的圆柱形磁铁建造，该磁铁包含示踪器和量热计（用于吸收较少渗透粒子的专门层），并在外部涂有铁，装备了 μ 子的专门区域（重现带电粒子设法穿过铁的轨迹）。

在碰撞中产生的高横向能量 μ 子，即垂直于光束方向的 μ 子，会在示踪器中留下信号，但会毫发无损地穿过量热计，从而在磁铁外的专门探测器中继续显示它们存在的迹象。所有其他粒子将被量热计吸收，而通过连接内部示踪器中留下的轨迹和在 μ 子区域中重现的轨迹来明确地识别 μ 子。

该方案是必不可少的，是一个启示原型，是所有实验物理学家的梦想。

选择的时刻

大型强子对撞机最初有四个提议，形成于 20 世纪 90 年代初。在紧凑渺子线圈的基础上，提出了 L3P。这是一个基于大型中央螺线管的实验，是大型正负电子对撞机项目演变来的 L3 实验。另外两个实验，EAGLE 和 ASCOT，是基于环形磁场，即甜甜圈的形状，与紧凑渺子线圈采用的圆柱形完全不同。推动 EAGLE 项目的是一组以彼得·詹尼为核心的研究人员，瑞士籍物理学家，曾参与过 UA2 项目。该实验在鲁比亚发现 W 和 Z 玻色子时就已经失去了竞争力，上次让他们吃了亏，他们暗自发誓永远不会再失败。

在 UA2 项目中，彼得遇到了一个非常年轻的意大利人。她在米兰的国家核物理研究所工作，无论是在物理分析，还是在新探测器的开发领域，她都非常自信。米兰的小组正在研究一种新型电子和光子量热计的原型，它可以用于欧洲核子研究组织正在讨论的新型加速器。在一个仍然由男性主导的世界里，一个年轻的女研究员，艺术和音乐的爱好者，总是非常友善，她得到了极大的尊重。她说话精准又有魅力，当她说话时，每个人都默默地听着，尤其是在讨论物理的时候，这个女孩总是能抓住要点，如果有问题要解决，她不会退缩。彼得毫不犹豫，让法比奥拉·贾诺蒂从一开始就参与新探测器最困难的研究。

针对大型强子对撞机提出的四个实验项目，只有两个将得到批准。来自欧洲核子研究组织总干事的信息响亮而清晰，他还有一个隐含的建议："为什么不尝试在两个提案上达成一致？一个基于螺线管几何形状，另一个基于环面几何形状？"由此，紧凑渺子线圈项目和 L3P 项目开始了会谈，ASCOT 项目和 EAGLE 项目也展开了讨论。

L3P 的领导是丁肇中，“十一月革命”的主角。当我们第一次见面讨论时，我非常激动。当他的发现传遍世界的时候，我正在比萨准备我的论文。丁发现了第 4 种夸克的魅力，这是一种全新的物质形式，它点燃了高能物理学，因此，丁肇中在 1976 年与伯特·里希特共同获得了诺贝尔物理学奖。

在我面前的是一位 20 世纪下半叶物理学界神话般的人物，我发现他的性格很差。他极具攻击性，轻蔑地看着米歇尔，傲慢地对待他。他提议与紧凑渺子线圈项目一起合作，他会带来大量的资源、资金、工程师和许多美国机构的支持，但他坚持要颠覆我们实验的基本概念理念——那个简单、巧妙，让我立刻着迷的设计。他承诺很多，但他想改变一切。他使用的科学论据并非很一致，另一方面，权力意志是显而易见的。很明显，他，这位伟大的诺贝尔奖得主，想领导孩子们手中这个实验。当我看到米歇尔的时候，他一点也不害怕，他平静地回答说他甚至不会谈论这件事，如果这些是条件，紧凑渺子线圈项目将独自继续下去，我知道我选择了适合我的实验项目。

L3P 和紧凑渺子线圈被分成两部分提交给委员会，EAGLE 和 ASCOT 将合并，超环面仪器将诞生。1993 年，L3P 被否决，超环面仪器和紧凑渺子线圈被批准，这让很多人感到惊讶。那时每个人都明白，有时候，不为政治上的方便而妥协是有好处的。我们对紧凑渺子线圈充满了热情，但我们知道真正艰难的游戏尚未开始。

在很多方面，我们的命运很大一部分已经被决定了。超环面仪器项目，诞生于两个实验项目的合并，将永远比我们拥有更丰富的资源和更强大的政治背景。然而，它有自己的“阿喀琉斯之踵”：为了取悦所有群体，它集成了许多不同的技术，而且很难将它们整合起来。它可能像大象一样强壮但不太敏捷。紧凑渺子线圈是一种更容易理解的加速器，因此可以更快地识别任何新信号，但它提出的技术如此超前，真正的挑战将是成功地建造并投入使用。

大型搅拌机

当一项实验被正式批准时，一个地狱般的机制就会启动。欧洲核子研究组织任命了一个由专家组成的委员会，负责监督人们正在做的事情。你必须解释一切，详细的活动计划，以及一长串要实现的中间目标。从底层开始，疯狂地寻找新员工，与最先进的公司建立联系，疯狂地进行研发。

这就像在一个高速旋转的搅拌机里，乘坐过山车，飞到平流层的高度，然后坠入深渊。

对我们来说，这是激动人心和愤怒的岁月。我们在实验室里花了几个星期的时间来运行我们设计和提出的未来项目的原型，然后我们去世界各地寻找新的合作者，他们可以带来资源和想法，解决我们仍然面临的无数问题。

当实验被批准时，还会有一个总体预算，一个支出上限，你必须保持在这个上限以下。我们的上限是 4.75 亿法郎，这两个实验项目都是一样的，但这并不意味着资金得到了保证。只有说服世界各地的合作伙伴参与进来，并与他们的融资机构一起为紧凑渺子线圈的建设做出贡献，资金才会到位。

进行这种实验的确是一项整个地球都参与的集体事业。每一个国家或每一个小组，合作执行一个或多个它承诺执行的子项目。通常，设备的整个部件是按照中心规定的规范，直接在各个国家实验室中建造的。然后，所有的东西都被运送到欧洲核子研究组织，组装、安装并投入使用。我们飞到俄罗斯的偏远地区谈判数百吨铜的交易，我们需要这些铜来做量热计。驻扎在摩尔曼斯克的北海舰队正在处置大量重型炮弹。如果我们能说服他们以低于西方市场价的价格把弹头的黄铜卖给我们，我们就能省下几百万法郎。我们得到了俄罗斯物理学家同事的帮助。通过熔化 100 万颗子弹，我们获得了 300 吨铜，顺带有助于和平地改造一个军火库。然后我们冒险去了塔西拉，一个位于巴基斯坦山区的偏远地区，那里的考古博物馆仍然保存着带有亚历山大大帝时期明显痕迹的手工艺品。我们去那里是因为那里有一个重型坦克工厂要检查。它可以用来生产大型钢设备，用于支持一个特殊的量热计。在日本，一个小型半导体工厂承诺为我们生产大量硅探测器，但必须得去现场看看。于是我们飞到那里，吃完一顿以蔬菜汤和生虾为主的有趣早餐后，我们穿上防尘服和鞋子去参观处理硅晶体的洁净室。我们花了几天时间与工程师讨论所有细节，以了解我们的目标是否可以实现。然后赶往韩国，参观可以生产用于安装磁铁设备的造船厂。

最后，还需要与新的团队见面并寻找新的合作者。我记得，在众多面谈中，我去了费米实验室，我这样做是为了说服我在那个实验室工作了几年的朋友们。在鸭塘和草地之间，他们为组装半导体探测器装备了一个实验室。这里生产的数以万计的元素将对紧凑渺子线圈非常有用。这个实验室的负责人是我的一位同事，一位来自芝加哥的物理学家。我和他一起度过了几个美好的夜晚，面对着特克斯·威勒最喜欢的菜单：高高的手指牛排和成堆的薯条。从他的眼睛里，我立刻明白这将是一场比赛。我说服了乔·因坎德拉加入我们的事业。

这几年充满了魅力，也充满了冲突。有时，团队提出的技术效果不佳，为了从根本上改变方向，不得不放弃该提议。还有某个解决方案，工作多年的人突然发现这个方案被抛弃了，有人无法承受这种失望，决定离开实验。经过非常痛苦的讨论，和我们一起工作和受苦多年的朋友们最终分道扬镳。

更不用说我们在建设过程中经历的危机，尤其是在最关键的组件上。磁铁、示踪器和电磁量热计是使紧凑渺子线圈成为真正特殊实验的技术瑰宝，但它们极具未来感且难以建造，也可以判定我们的失败。

关于示踪器，我们已经谈过了。磁铁则是一个巨大的螺线管，它是一个圆柱形线圈，长 13m，直径 6m。它是如此之大，以至于只能将其拆分组装，因为世界上没有一台机器可以作为一个整体来搬运它。它必须产生 4T 的磁场，它是世界上最大的超导磁体。目前还不知道该使用哪种类型的电缆：必须发明一种新的电缆，这种电缆能够产生非常高的电流密度，超级稳定，机械强度大到足以承受线圈本身受到的磁力所产生的巨大推力（相当于数千吨的重量）。它是如此巨大，以至于不能通过高速公路运输到欧洲核子研究组织，因为隧道太小了。我们已经准备好了一个计划，在马赛把它装上驳船，然后慢慢地沿着罗讷河往上走，就像运输建造哥特式大教堂的材料一样。然后，在最后一段路程，通过当地美丽村庄的省道运输，但首先有必要拆除交通灯和所有的路标，否则这条路将无法通行。

最后是电磁量热计。我们决定把重点放在电子和光子上。经过最初的犹豫，我们确信即使在大型强子对撞机的恶劣环境中也可以重现它们，但这需要一个非常特殊的量热计。能够重现希格斯粒子的衰变是一个很大的优势，在衰变过程中会产生高能电子。如果希格斯粒子的质量在 100 到 150 GeV 之间，我们就可以利用一种罕见但非常干净的衰变，这是这种粒子的明显特征：它会分解成两个高能光子。一个复杂的电磁量热计将使紧凑渺子线圈更具竞争力，并增加它被发现的机会。首先是吉姆·维尔迪坚持使用这个解决方案，然后整个合作团队都采用了这个解决方案。

紧凑渺子线圈的量热计是一颗真正的宝石，它由 75 000 个闪闪发光的晶体组装而成，这些晶体是超快的传感器，当电子和光子被重物质吸收时，它们会发出微小的光信号。发射的光的数量允许我们以无与伦比的精度测量吸收粒子的总能量，但世界上似乎没有人能够生产足够纯度和足够数量的晶体。必需的材料非同寻常，那是一种由铅和钨这两种不透明的重金属，神奇地和氧结合起来所形成的巨大晶体，非常重且超透明。这是世界上很少有人知道如何掌握的化学奇迹。最终，我们在俄罗斯发现了一家晶体工厂，该工厂曾在勃列日涅夫时期蓬勃发展，但现在已濒临破产。我们找到了能做出我们想要的晶体的人，但一切都在崩溃：用于晶体生长的坩埚配备的是二战前的电力供应，随时可能崩溃，当屋顶上的雪融化时，棚子里就会下雨。所有设备都需要更新。

这是我们经历过的许多危机：磁铁的导体不能焊接；也许可以生产出量热计晶体，但成本将是最初评估的两倍；收到的首批硅传感器充满缺陷且不太稳定。当这些问题解决后我们似乎又回到了正轨，结果是我们计划用于示踪器和量热计的所有电子设备都不能工作，我们必须从头开始设计一切。距离第一次碰撞只有几年的时间了，尽管困难重重，超环面仪器还是以日耳曼军队的大胆步伐，一步步地迈入安装阶段，与我们“紧凑渺子线圈的黄金骑士”的不稳定和撕裂过程截然不同。

似乎这还不够，这里还有洞穴。为了在相互作用区周围放置大型探测器，一个探测器的区域必须被挖得足够大，足以容纳巴黎圣母院。显然超环面仪器的挖掘在正确的时间进行，没有困难，但对我们来说，每个月都会出现一个新的问题。我们在鹤嘴锄挥出第一锄时就停下来了，因为我们击中了一公顷土地上唯一的罗马别墅。然后我们会发现，紧凑渺子线圈基础设施必须建在一条罗马大路的十字路口，那里有一个 4 世纪的别墅，仍然装满了当时的硬币和家具。

当我们开始挖掘大的通道竖井时，我们遇到了一条地下河流，它从汝拉河的斜坡向下流入湖泊。为了继续进行，我们需要在井的周围建造一个 3 米高的冰障，注入工业用 −195℃的液氮。当这个巨大的地下洞穴最终被挖掘出来时，我们发现它在第一年就倾斜了 3 厘米。因此，我们高度精确的探测器可能会停留在浮动的表面上，这将永远损害其准确性。不过，工程师们这次的计算被证明是正确的，当一万四千吨的探测器用它们的重量稳定了巨大的地下结构后，一切都恢复了正常。所有这些问题都涉及研究和解决方案的探索，尽管这些解决方案都令人尴尬地滞后。而且，也不乏好事者，他们接二连三地参观将会放置紧凑渺子线圈的洞穴，不过去的时候那里仍然是空的，而超环面仪器的洞穴里已经装满设备，开展了不少活动。他们把我们的名字污化，每次在自助餐厅听到这个名字时，我都很生气。CMS = See-a-mess，“看到一团糟”，这是一种强烈的恶意，但也有一点道理。

那些年，我们真的很害怕，害怕已经迈出了最长的一步。太冒险了，选择了太多还不够成熟的技术。这么多年来，每一天，我们都生活在他人带来的痛苦和无法成功的噩梦中。超环面仪器像瑞士手表一样精确运行，紧凑渺子线圈却总是延迟。他们已经决定了电缆标签的颜色，我们还不确定我们是否还有可用的检测器基本组件。

突然，在我们没有意识到的情况下，一些事情发生了变化，一切都开始变得顺利。据我所知，我们会在 2008 年 2 月 28 日成功，我们会设法将包括磁铁在内的紧凑渺子线圈中心元件放入竖井中。这是一次轰动的行动，英国广播公司（英国广播公司）决定在全球范围内进行现场直播。我们已经紧张了好几天。

与在洞穴中直接组装的超环面仪器不同，紧凑渺子线圈被设计成一个巨大的乐高积木。这个巨大的圆柱体被分成了11个部分，这些巨大的结构会在地面上组装，一次放下来一个部分，放入洞穴中形成探测器。这种模块化的方法拯救了我们。它让我们能够开发出最具创新性的组件，并能在大型强子对撞机启动前的几周将它们整合到容纳它们的大结构中。

此阶段最关键的时刻是将紧凑渺子线圈的中央部分放入洞穴之中，这是最重的部分，两千吨重的金属和非常脆弱的组件必须用钢丝绳悬挂并下降100m，还要注意消除哪怕是很小的应力。世界上从来没有人做过这样的事情，专门从事大型电梯制造的公司不得不开发一种从未经过测试的特殊程序。一切都取决于这次行动的成功与否。如果它折戟，就不会有紧凑渺子线圈。

当重要的这一天到来时，从早上5点开始所有人都在那里等待，然后开始作业，钢索一出现小幅摆动，他们的心情也随之波动。吉姆·维尔迪担任紧凑渺子线圈项目的新发言人已经一年了，在米歇尔结束他的长任期后，我被任命为他的副手，负责现场操作的奥斯丁·鲍尔则是实验项目的技术协调员。这是难忘的一天。要走完这几百米需要耗费大量时间。缓慢而令人精疲力竭的下降一直在继续。下午6点32分，巨大的建筑触底时，传来一阵令人释然的掌声和欢呼声。我们像傻瓜一样蹦蹦跳跳，拥抱技术人员和工程师。我们知道我们会成功。没有什么能阻止紧凑渺子线圈。

你知道他们在大型正负电子对撞机中发现了希格斯粒子吗？

在建设和实验大型强子对撞机的 15 年里，发现希格斯粒子的机会之窗打开了。在大型正负电子对撞机捕获的第一个阶段，当加速器专注于研究 Z 玻色子时，希格斯粒子的研究产生了负的结果，只能给这个幻想粒子的质量设定一个下限。随着大型正负电子对撞机开始增加碰撞的能量，研究变得越来越有趣。在 1995 年到 2000 年之间，当我们为建造大型强子对撞机探测器而努力解决各种问题时，大型正负电子对撞机达到了 209 GeV。然后发生了一些事情。

我还记得，在 2000 年的夏天，小组里的一个年轻人带着焦虑的表情走进我的房间，告诉我在自助餐厅里有一个传言，说大型正负电子对撞机的一个实验发现了质量为 114 GeV 的希格斯粒子。这很快就成为众所周知的事，我们于 9 月组织了一场研讨会，展示研究结果。好像真的有什么东西。微弱的信号似乎出现在不止一个实验中，而且数据看起来相当一致，尽管与标准模型的预测相比，观察到的事件数量过多。

研究结果在当时由意大利物理学家卢西亚诺・马亚尼指导的欧洲核子研究组织管理层引起了热烈的讨论。必须迅速做出决定。计划在 2000 年底关闭大型正负电子对撞机，开始安装大型强子对撞机磁铁。任何推迟都将对新机器的生产时间产生重大影响。另一方面，就在过去几周，这些信号似乎表明希格斯粒子就在那里，就在附近，即 114 GeV。只要持续几个月，也许一年，大型正负电子对撞机就会有世纪性的发现。

那几天气氛非常紧张，讨论也很激烈。最后，马亚尼只给了几个星期的时间来进行数据采集，但当他看到关于信号强度有太多的不确定性时，他缩短了时间，并决定关闭旧建筑。他受到来自支持大型正负电子对撞机物理学家的猛烈攻击。20 年的友谊破裂了，冒犯不断，怨恨注定要持续下去。多年来，那些相信大型正负电子对撞机信号的人将不断重复地宣称希格斯玻色子已经被发现，它的质量是 114 GeV，而大型强子对撞机会重新发现它。最终人们会发现，这只是一个恶性的统计波动，就像其他的波动一样，尤其是当加速器接近即将被永久停止的日期时。马亚尼是正确的，即使继续采集数据，也不可能在大型正负电子对撞机中识别 125 GeV 的物体。在发现希格斯玻色子之后，我问马亚尼，那些曾经侮辱过他的人当中，有多少人去找他道歉，或者只是承认他是对的，卢西亚诺只用一个微笑回答了我。

随着大型正负电子对撞机项目的关闭，在大型强子对撞机的建造期间，搜寻希格斯粒子的目击者转到了芝加哥的兆电子伏特加速器项目。1995 年，由于发现了顶夸克，费米实验室的科学家们决定将加速器的亮度提高到最大，并使用一些为大型强子对撞机开发的技术来改进探测器。

在21世纪的头十年里，发现希格斯粒子的一扇机会之窗也被兆电子伏特加速器项目打开了。特别是——通过结合W玻色子的质量和Z玻色子的精确测量——间接地表明希格斯粒子的质量似乎更倾向于低值，接近114 GeV，这给大型正负电子对撞机带来了很大的希望。在那个区域，兆电子伏特加速器项目仍然可能中大奖，实现大型强子对撞机的主要目标，并以某种方式为超导超级对撞机项目的失败复仇。

最大的盛会与黑色星期五

最后，经过一番巨大的努力和一连串的起起落落，一切都准备好了。伟大的时刻即将到来，真正的冒险开始了。加速器已经完成，通过了许多测试，已经达到工作温度，可以开始循环粒子束。探测器已经准备好了，我们费尽周折安装和操作最新的组件，最终我们还是成功了。甚至紧凑渺子线圈项目也会准时赴约。

很难描述那些日子里在我们中间流传的那种势不可挡、具有感染力的热情。多年来，我们一直处于最灾难性的崩溃边缘，现在，我们准备就绪，兴奋不已，确信我们将发现一切：不仅是希格斯粒子，还有超对称性，还有额外维度理论所预见的物质新状态，为什么不呢？

我记得那段时间有点醉醺醺的。也许，接下来发生的事情在某种程度上与这种过度的自信有关，在那个时期，这种自信蒙蔽了我们所有人。这种傲慢自大的表现形式，在希腊经典中描述得很好，当人们因为成就了伟大的事业而受到赞颂时，他们就会因此受到惩罚，陷入灾难。

这是2008年9月10日的早晨，一切都准备就绪。这一次，欧洲核子研究组织大展宏图，邀请了数百名记者。这是第一次在全球媒体的聚光灯下启动加速器。在会议之前忙碌的几周里，法比奥拉、吉姆·维尔迪和彼得·詹尼不得不抽出时间参加如何与媒体打交道的培训课程。几个优秀的英国广播公司记者给了我们几个小时的压力测试，训练我们回答最具攻击性的问题，并教我们避免陷阱的谈话技巧。

大型强子对撞机的启动将带来世界末日，人们这种完全非理性的恐惧越来越浓烈。我们都被这种我们不习惯的关注激怒了；我们对报纸和网站上流传的大量荒唐话感到震惊；不断要求进行采访和评论的做法浪费了我们大量时间。相反，欧洲核子研究组织通讯办公室的人容光焕发。对黑洞毁灭世界的恐惧已经引起了人们对日内瓦正在发生的事情的阵阵关注，对他们来说，这是一个不容错过的机会，以此来普及远离公众的一般科学话题。

上午10点28分，第一批质子被注入，它绕了一圈，很高兴地撞到一块薄薄的陶瓷板上，在那里留下了一个漂亮的椭圆形印记。这是一切正常运转的证明。控制室里响起了掌声。鲁比亚和林恩·埃文斯一起庆祝他们孩子的第一次啼哭。

在实验的控制室里，人们也热情高涨。香槟酒的瓶塞被拔开了，你不得不绕着现场采访走：英国广播公司、美国有线电视新闻网、半岛电视台和许多其他的媒体。当我与意大利广播电视台（Rai）TG1、TG2 和 TG3 三个频道的工作人员交谈时，我知道媒体界已经深入最根本的层面了。

我还记得，就在一年多前，我带着一丝苦涩打电话给 TG1 的管理层，告诉他们英国广播公司正准备直接进入紧凑渺子线圈洞穴的中心位置进行全球范围的直播。意大利广播电视台也要派个人来，这让我觉得这件事很重要。最后，这都不可能发生，我引用他们的原话来解释："教授，这是音乐节的一周，我们在圣雷莫的所有员工都在报道音乐活动。对黑洞的恐惧让意大利广播电视台相信，有时候，讲述一些与歌曲不同的东西是值得的。"

2008 年 9 月 10 日，一个在全世界聚焦下举行的盛大聚会。黑洞没有产生，世界上最复杂的机器也完全按照预期运行。它会在指定的时间投入使用，光束在全世界的笑脸和祝酒词中顺畅地流动，但这种欢欣鼓舞不会持续太久，我们为此付出了高昂的代价。

9 月 19 日，星期五，10 天还没过去，一个愚蠢的焊接故障导致了一场灾难，让我们耽搁了一年多。

控制室值班人员在 11 点 18 分才意识到发生了严重的事情。例行操作正在进行，27 千米长的环线所分成的 8 个扇区必须在开始运行前全部进行测试。已经建立了一个非常清晰的测试方案，其中包括用在磁体中的循环电流来产生标称磁场，这个磁场必须使加速的质子在轨道上保持 7 TeV。事实上，质子并不能维持方案设置的额定能量通过所有扇区。经测试，只有少部分扇区可以让质子按照额定能量通过全场，大部分扇区内质子只能通过半场。各个扇区累积的拖延，最终影响了对扇区 3-4 的测试，这是通过汝拉山下的那个扇区。由于大型强子对撞机启动日期已经确定，最终决定将测试推迟到启动日期之后。事实上，9 月 10 日进展顺利。但是现在，即使在最后一个扇形的磁铁中，也必须通过循环非常大的电流来完成测试。然后发生了没人能想象到的事情。

在测试序列的最后阶段之一，当磁体中流通 8 700A 的电流，而原则上电流必须达到 10 000A，不可挽回的情况发生了。我仍然记得弗朗西斯科声音中的颤抖。他是众多年轻的意大利工程师之一，他们花费了数月的时间，在隧道里一个接一个地准备所有扇区，事故发生时他在控制室里："这是一个超现实的场景。数十个警报一直在响，隧道里的摄像头显示大量氦气逸出时产生的浓雾。"

一开始，欧洲核子研究组织的官方声明谈到可能导致延期几个月的不便。几周后，林恩·埃文斯和一群工程师走下隧道，去核实到底发生了什么，呈现在他们面前的场景令人毛骨悚然。

他们所处的位置上有几块磁铁被移走了。爆炸就是这样，像移动树枝一样移走了 27t 重的物体，压碎了几十根坚固的钢管。10 天前，质子在这个极其精致的真空室里循环，现在真空室有几个地方破裂了，并被黏附在墙壁上的致命灰尘污染了数百米。4t 的液氦丢失并突然蒸发，侵入了数百米长的隧道。一切都冻住了，液氦与空气中的湿气接触后，一切被覆盖上一层厚厚的冰霜。由于氦侵入了一切，冻结的缺氧隧道在几周内都无法通行。真是一场灾难。

我们对事故分析后得出结论，这一切都是由一个焊接故障引起的，这是 12 000 个磁铁连接中的一个。某个东西出了问题，使得一个小区域中的电阻高于应有的水平。当 9 000A 的电流通过时，这个微小的连接处被加热到瞬间转变并熔化，产生电弧火花击穿了液氦容器。其结果是爆炸产生的冲击波损坏了数十个磁铁和加速器的其他小部件。

埃米利奥·毕加索是少数几个对发生的事情不感到惊讶的人之一。由于挖掘工作的困难，当这段路完全被洪水淹没时，他彻夜未眠。有一天晚上吃饭的时候，他向我坦白："自从第 3-4 区被洪水淹没以来，我们知道这在未来也会给我们带来很多问题。那里的空气充满了湿气。虽然已经完成了隧道一切绝缘和防水的工作，但是如果你留下一根电缆在地面暴露几个小时，你会发现它就完全氧化了，如果你不彻底清洗，焊缝必然会有缺陷。"

事故的后果很严重。林恩·埃文斯像往常一样，用一种干巴巴而又有效的方式来定义它："我们被一拳击倒在地。"很快就会清楚，完成维修工作将需要一年多的时间。而且我们也有可能永远无法让它正常工作。在成千上万的磁铁连接缝中，还有多少有缺陷的焊缝隐藏着？这一事件暴露了质量控制方面的弱点，事故可能会再次发生。有必要检查一切，确保整个系统的安全。无法补救的损坏磁铁可以替换，但如果再次发生类似的事故，库存将不再足够，我们将不得不关闭加速器。磁铁生产线已被拆除，重新启动会需要数年时间。

打开所有的连接处和修复每一个焊缝意味着要停止大型强子对

撞机至少两年。最终，我们决定承担一个经过计算的风险：为了在2010年重启并继续2011年全年的数据采集工作，损坏的磁铁将被替换，所有预防措施都将到位，以减轻其他潜在事故的影响。让大型强子对撞机按方案设定的能量来运行是不可能的了，风险太大了。我们从7 TeV开始，亮度会比预期低几个数量级。在2012年，我们开始修复连接，也许在几年内，我们能够使加速器达到最大的能量。

这次事故对合作项目的影响是毁灭性的，尤其是在年轻人当中。在他们的眼中，我们可以看到愤怒、失望和沮丧。在2008—2009年冬天的那几个月里，我遇到了很多这样的人，倾听他们的意见，为他们找到解决问题的办法，或者只是让他们发泄情绪。有些人为了写论文、找工作等了很多年的数据；有些人已经定好了结婚日期，希望带着头衔出现在婚礼上；有些年轻人的奖学金很快就会到期，而他们的合同在大型强子对撞机再次运行之前就会终止。在可能的情况下，我们会寻求解决办法来帮助和减小损失，但也有一些情况，大约有10名年轻人不得不离开。

至于我们，很明显，我们必须改变我们所有的科学优先事项。“忘了希格斯粒子，朋友们”，这是对新形势的总结。由于加速器目前能达到的能量是方案设定的一半，能达到的亮度比方案设定低一百倍，所以发现“上帝粒子”是没有希望了。最让我们着急的是，这个障碍会让兆电子伏特加速器项目有可能更早到达我们前面的终点线。在经历多年的未知和努力之后，我们可能会看到我们追求了这么久的梦想从自己的手中滑落。

5

竞争正式拉开帷幕

圭多的魔力触碰

塞西紧凑渺子线圈控制室，2010 年 3 月 30 日上午 8 点 54 分

电梯下降到洞穴，奶牛在前面的草地上吃草。他们似乎对紧凑渺子线圈站点（也就是 P5）的躁动完全无动于衷。欧洲核子研究组织的白色吉普车和周边地区居民的私家车来来往往好几周了，预示着一件重要的事情即将发生。所有的专家都是全天八小时轮班工作。

控制室里非常紧张。每个人都还记得 2009 年 11 月 23 日发生的事情。就在这一天，大型强子对撞机在解决完前一年的故障后重新开始运行，产生了第一次 900 GeV 的碰撞。由于一系列的不便，紧凑渺子线圈无法立即生成那些彩色的数字照片，这些照片可以展示质子之间碰撞的图形。

其他所有实验都比我们做得好，尤其是超环面仪器项目的同事们，他们第一个记录了碰撞的照片，他们的图像刊登在世界各地的报纸和电视新闻上。紧凑渺子线圈项目的工作人员花了好几周的时

间为这个工作做准备，他们感到非常沮丧。事情本身并不严重，但这次事件再次强调了，超环面仪器是班里的第一名，而紧凑渺子线圈永远是第二名。这是我们每个人都无法接受的。我们对自己说：再也不要这样了。既然实验已经真正开始了，那就不应该有丝毫延迟。我们必须是第一个宣布高能量碰撞的项目，而且要第一个将带有我们 Logo 的图像清晰可见地呈现在全世界面前。

经过前一年的多次检修，这台机器已经恢复正常工作，目前一切都在按计划进行。但关键时刻还没有到来。预计将在今天早上进行 7 TeV 首次对撞，这是大型强子对撞机在 2010 年预计尝试的强度。每个环节都检查了无数遍。我们已经对每一个程序进行了模拟和测试，已经准备好面对任何不便。控制室里有各种探测器的顶尖专家和顶尖的软件程序员。他们都很年轻，周围有一群来自五大洲的男孩和女孩，在做最后的安排时，他们都很严肃。

意想不到的事发生了：大型强子对撞机失败了。尝试运行时，粒子束弄丢了。过了一秒钟，同样的事情发生了。我们所有人都看到，之前大型强子对撞机项目成员在晚上进行测试时，没有任何问题。他们曾试图制造碰撞，以确保一切都在控制之下，一切都进行得很顺利。他们成功了好几次。我们都同意对夜间的尝试保持沉默，因为按照规定，正式的碰撞要在早晨进行。记者们被告知 9 点开始，欧洲核子研究组织想要在他们面前重启这台机器，以消除与 2008 年事故有关的最后阴影，但现在大型强子对撞机似乎无意服从操作人员的命令。已经是中午了，经过三个小时的努力，还是无济于事。在控制室里，紧张情绪逐渐强烈。已经有第一批记者开始写下这样的主题：“这对大型强子对撞机来说本应是伟大的一天；相反，在 2008 年就遭受了重大故障的加速器，它当时并不知道自己还能在 7 TeV 下正常运行。”我看到了周围人恐惧的眼神。为了缓解紧张，我做了一些完全不同寻常的事情。当大型强子对撞机准备进行一次新的对撞尝试时，我走近显示光束状态的监视器，迷信地伸出双手，用意大利语大声喊道：“现在够了！让我们试着让这台加速器工作吧。”

意大利人的笑声立刻爆发了，当发言人的话被翻译出来后，其他人也发出了爆笑，最好笑的是发言人还把手放在显示器上挥动。有人用手机拍下了我的这个姿势，这张照片的标题是：“圭多的魔力触碰。”让所有人惊讶的是，当我把手放在显示器上的时候，这个尝试成功了：第一次 7 TeV 的碰撞发生在我们的眼前，我们第一个向世界宣布，发送了我们美妙的图像。

控制室里全是欢呼的叫喊声，热情的叫喊声。当每个人都围着我的时候，欧洲粒子物理研究所的摄影师拍下了这群热情的年轻人的照片：他们的手在天空中，他们的眼睛闪闪发光，一个穿着西装打着领带的男人在中间比他们年长很多。这张照片会在世界各地流传开来，并将永远留在我最美好的记忆中。

作为发言人的生活

2008年的事故发生两个月后，欧洲核子研究组织的新管理层上台。传统上，职位是轮转的，所以在一个英国人、一个意大利人和一个法国人之后，这次轮到一个德国人了。代表该组织20个成员国的欧洲核子研究组织委员会选择了罗尔夫·霍伊尔。是的，他本人，在紧凑渺子线圈诞生之初担任审核员的德国物理学家。罗尔夫选择了塞尔吉奥·贝托鲁奇担任研究室主任。贝托鲁奇是意大利物理学家，长期担任弗拉斯卡蒂国家核物理研究院的主任，我从在拉斯佩齐亚上高中起就和他是朋友。后来我们走上了不同的道路，但我对塞尔吉奥一直保持着一种自然的理解，和他不需要太多的言语。你只需一瞥就能理解对方，就像老水手一样，时隔多年，他们偶然发现自己能够从上次谈话停止的地方重新拾起谈话的线索。

在上任之前，罗尔夫和塞尔吉奥经历了大型强子对撞机的灾难。没有比这更痛苦的开始了。他们的责任是修复故障，找到重启这台大机器的解决方案，最重要的是要小心，不要冒太多的风险。林恩·埃文斯也结束了他的任期，必须找到一个人让大型强子对撞机重新运转起来。史蒂夫·迈尔斯被选中了。

史蒂夫是爱尔兰人，在内战最艰难的岁月，他在贝尔法斯特度过了童年。没有什么能把他吓倒。他与卡罗·鲁比亚之间的一场史诗级冲突（当时鲁比亚已经是诺贝尔奖得主和欧洲核子研究组织主任）一直留在史册之中。在一次争吵中，卡洛威胁说要解雇他，他大声尖叫着走近史蒂夫坐的座位，而史蒂夫又矮又小。就在这时，史蒂夫一点也不害怕，站在了暴怒的卡罗面前，只是用一种不羁的眼神盯着他的眼睛。鲁比亚奇迹般平静下来了。在我们的环境中，很少有人能在这样的对抗中幸存下来，但是史蒂夫是一个非常特别的人。在所有人似乎都迷茫的时候，真的需要他带领我们重新启程。需要他的决心来恢复失望又害怕的团队，修理机器，然后重新开始。史蒂夫做到了。

数百名技术人员和工程师经过数月的疯狂工作，才挽救了大型强子对撞机黑色星期五的灾难。更换了 53 个偶极子，安装了数百个新的安全阀，对磁铁之间的连接进行了数千次测量。总成本超过了 2 500 万法郎，但之后一切都很顺利。2009 年 11 月 21 日，大型强子对撞机再次启动，束流很快就畅通了。两天后，发生了第一次 900 GeV 的碰撞，一周后，2.36 TeV 的质子在质心发生碰撞。大型强子对撞机已经成为世界上最强大的加速器。

2008 年的打击对超环面仪器和紧凑渺子线圈两个项目来说也是巨大的。我们度过了非常困难的几个月，失望和沮丧似乎占了上风。接着是骄傲、清醒、理智的反应。正如拓荒者时代一样，经历了一些疯狂。在卷起袖子的许多人眼中，你可以清楚地看到：“我们会尽力而为。我们已经克服了许多挑战来打造这些技术瑰宝，我们也将赢得胜利。”事情开始变得严肃起来。

现在我和法比奥拉是这两个实验的领头人。我们是在 2009 年以我们组织特有的独特机制当选的。发言人的任期为指定年限。在紧凑渺子线圈的任期是固定的，两年整。在超环面仪器，有可能再次当选，并继续掌管项目，任期可长达四年。在数千名合作组织成员进行讨论之后，参与实验的所有实验室和大学的代表大约 150 人参与了投票。在任期内，发言人对这些决定负有全部责任，并在国际科学界面前代表整个实验项目。发言人的主要任务就是确保产生最好的结果。为了做到这一点，他必须组织工作，使一切顺利进行：探测器的功能和数据采集；重建软件和计算；物理分析和文章的发表。他有强大的行政权力，因为他决定优先事项，选择集中资源的地方，任命领导各种活动的人。他不能与公司的首席执行官或政治领袖相比，因为他对他协调的研究人员没有直接权力。这种合作由自由的先生和女士组成，他们的事业和薪水不依赖于他。

超环面仪器和紧凑渺子线圈是规模巨大的合作项目：每一个项目都有超过 3 000 名成员，分布在各大洲的 40 个国家。你怎么能在没有胡萝卜加大棒[①]——没有加薪，也没有罚款的情况下，管理这么多人？我们的组织让做决策的专业人士感到恐惧，因为它就像一个行进中的乌托邦，似乎处于有组织的无政府状态。

任何一个在不可能的边缘冒险的人都因他有一种叛逆的精神。你选择基础物理学不是因为你喜欢发号施令。做这件事的人都是被炽热的激情所驱使。他接受挑战，愿意牺牲周末和夜晚来了解希格斯玻色子是否真的存在，或者研究我们是否生活在一个多维的世界。

① bastone e carota，大棒和胡萝卜，比喻奖惩并行。

领导这样一个积极的、经过精心挑选的群体很容易。发言人的角色类似于一个大型管弦乐队的指挥。在这个领域，管弦乐演奏家们对所有的乐谱都了如指掌，很多人也知道如何指挥。乐队会选择他们中的一个管弦乐演奏家在几个季节里担任指挥。他们知道他的风格和他诠释音乐的方式，他们接受他的指导。只要在每一次执行中，他继续表现出能力和严谨，并在该领域赢得他们的尊重。像紧凑渺子线圈这样的复杂组织并不是基于权威原则运行的。科学的过程需要思想的传播和猛烈的批评；自由的人滋养着项目，这些人被鼓励提出原创的观点和反潮流的想法。

发言人的生活当然不是单调的。日常工作占将近 50%，包括主管会议、财务和行政报告，以及协调与研究机构的关系等，但总是有大量极其有趣的工作：关于策略的讨论、有待验证或拒绝的物理结果、新的分析工具或有待追求的新想法。最后，还有危机或紧急情况。

探测器是科技的奇迹，也是极其复杂的仪器。一点小事就足以造成无法挽回的灾难。所以你碰巧在 2 点醒来，因为在 P5 站点有水从磁铁上流下来。机构运转起来，发言人和技术协调员要坐在前排。我们戴上头盔，亲自到山洞里去检查。结果是 800 个愚蠢的冷却管接头中的一个已经开始泄漏了。然后，当你溜进像迷宫一样的探测器，去接近一个阀门并关闭泄漏的电路时，你试着去控制恐惧。谁告诉我们水并不会损坏 μ 子室？我们发现的那些被水淹没的电缆和电子设备会怎么样呢？然后，在接下来的几周内，随着损坏的修复，他们试图找出故障的原因。所有可能的测试都完成了，结果发现，连接件有一部分随着时间的推移，腐蚀并变形了。然后我们确认风险太高，连接器必须全部更换。我们拟订工作计划，寻找新的、更有力的工作计划，并改变优先事项，因为替换工作将花费我们 80 万法郎，我们本计划这些钱用于其他预防工作。

另一个紧急情况是，一名技术人员警示我们，他在桥式起重机上做了一个错误的操作，他担心损坏了真空管。这发生在他把小角度量热计放回原位的时候，相对于紧凑渺子线圈的身体，它只是一个玩具，但仍然是一个 20t 重的物体。这只小动物抚摸着大型强子对撞机的束流管，这是整个仪器中最脆弱的东西，是一根保存在高真空下的超薄铝铍管。哪怕是最轻微的裂缝都可能导致它爆裂，这对我们和整个加速器来说都将是一场灾难。这会对紧凑渺子线圈造成无法弥补的损坏，整个大型强子对撞机项目也会延迟数月。最终，在检查了几周之后，你会松一口气。顺便说一句，这会再次证明我们自建造以来所采用的不同寻常的方法多么有效。任何人一旦犯了错误就立即提出警示，不会受到惩罚，而是得到奖励。这听起来可能很奇怪，但仔细想想，这是有道理的。每个人都会犯错误。如果因为害怕受到惩罚而让他们沉默，他们可能会变成隐藏在如此复杂装置中的定时炸弹。最好是公开地面对错误，并尝试立即补救，赞扬那些提出警示并为错误承担责任的人。

萨科齐，环法自行车赛和“疯狂的想法”

2010 年 3 月，大型强子对撞机开始产生 7 TeV 的对撞。这个事实立即激发起人们的热情。我们等待数据的时间太长了，以至于我们已经忘记了作为第一个观察新世界的人的激动，在那里，惊喜可能就藏在角落里。对于那些已经经历了所有建设阶段、完全沉浸在项目里的老员工来说，他们已经有好几年没有进行最后的分析了。对年轻人来说，这是一种全新的体验：他们把自己投入全新重建的数据中，就像一群来自亚马孙的食人鱼一样贪婪。数据会在几天内被分析、消化，并像袜子一样被翻个底朝天。这些年轻人的结果演示是一种节目：在几周内，所有标准模型的粒子都被重新发现。

这项活动是新物理研究的基础。如果不先证明我们可以重新发现所有已知的粒子，就没有人会相信我们已经发现了 Susy 或希格斯玻色子。做得好、做得快意味着获得实质性的优势。首先，因为新探测器必须仔细校准。以管弦乐队为例，我们从演奏所有已知的音乐开始，以确保我们的乐器是合拍的。只有在经过非常细致和耐心的操作之后，我们才准备好奏响一段新的乐章。

我们也应该记住，标准模型是我们寻找新动物藏身的灌木丛。每一个新粒子，如果它出现在我们的数据中，都会以信号的形式出现，这些信号会被混淆，与已知过程产生的信号非常相似。科学家必须非常精确地对它们进行研究，并予以严格的量化，以确保捕捉到任何反常现象，任何可能被证明是具有决定性的事件。年长的波斯诗人对年轻学徒说的话对我们仍然有效："如果你想成为一名诗人，你首先必须记住迄今为止写的所有诗歌……然后你就得把它们全都忘掉。"

2010 年最重要的事件是在巴黎举行的高能物理会议。将有来自世界各地的数百位物理学家等待我们的结果。他们是第一批可以观看大型强子对撞机展示的人，我和法比奥拉将为大家展示。

这是 2010 年 7 月 26 日，巴黎闪耀着光和色彩。昨天，环法自行车赛结束了，我抽出时间关掉电脑，沿着塞纳河拥挤的河岸跑去，看着康塔多和他的同伴飞速驶向香榭丽舍大街。当会议开始时，真让人眼前一亮。我习惯了和成百上千人说话，但位于迈洛门的国会大厦大厅总共安排了 1 750 个座位，这让人产生某种恐惧。

会议在不同寻常的发言中开始了。在我们前面，法国总统尼古拉·萨科齐发言。就在演讲开始之前，有人将我们引荐给总统，我没从我们之间的寒暄中感到愉悦，但我一如既往地控制着自己的肢体语言。我很惊讶地发现一个没有安全感的人用傲慢的举止和明显傲慢的态度来掩盖自己的弱点。我不喜欢他，但他的演讲很重要。他谈到了欧洲在研究中的作用，也说了一些我想从各国政府那里听到的话：在危机时期减少研究投资是疯狂的，欧洲必须保持并扩大其在高能物理领域的领导地位。

法比奥拉和我说话的时候，房间里一片寂静。我们展示的结果令人印象深刻：大型强子对撞机项目才刚刚起步，几个月前才开始工作，但这两个实验表明我们已经掌握了所有决定性的因素。我们展示了 W 玻色子和 Z 玻色子的图表和测量值，展示了第一个顶级候选者，讨论了我们对 7 TeV 现象研究的第一个结果。没有人怀疑超环面仪器和紧凑渺子线圈已经准备好了。当我走下舞台，回答完问题后，我很满意。完成了。法比奥拉和我都通过了测试，我们知道我们达到了目标，但是我们的好心情不会持续太久。

当兆电子伏特加速器项目的同事们发言时，我立刻明白发生了什么。我没有快乐的理由。在过去的一年里，美国的加速器运行完美，系统地提高了效率和亮度。这些实验加大了寻找希格斯粒子的力度。他们已经能够分析其他看起来有希望的衰减模式，并将他们的结果以一种系统的方式组合在一起。简而言之，他们已经取得了巨大的进步，如果不采取行动，我们就有麻烦了。

茶歇时间一到，我们就在屋外集合。我、罗尔夫、塞尔吉奥、史蒂夫以及法比奥拉都站在一起，远离拥挤的自助餐桌。无须赘言，每个人都清楚地知道这个信息。这需要战略上的重大改变。经过这么多努力，兆电子伏特加速器项目可能会从我们眼皮底下偷走我们的发现，这种风险太大了。我们注视着对方的眼睛，想知道可以做些什么，结论是一致的。首先，必须延长数据收集周期。我们将维修推迟到 2013 年，同时收集 2012 年全年的数据。我们试图增加亮度，或许也增加能量，我们在磁盘上放置超过 5 fb-1（逆飞靶，这是一个特殊的单位，表示收集的数据总量）——从那一刻起，将不再有历史记录。兆电子伏特加速器不会一直领先。如果希格斯粒子存在，无论它藏在哪里，我们都会找到它，否则我们就会永远把它从世界上抹去。我们一起头脑风暴，看看这是否真的可行。我们给自己几个月的时间来分析所有的细节：史蒂夫将为加速器进行调查，法比奥拉和我将为实验建模，罗尔夫将调查委员会的意见。在我们做适当的检查之前，没有人发表其他意见。还不到十分钟，大型强子对撞机的历史，或许还有高能物理学的历史，已经完全改变了。

组织战略的改变

2010 年的那个夏天，我把战略交给了最积极、最信任的同事。我第一个要讲的是维韦克·夏尔马。维韦克出生在印度东北部比哈尔邦的一个偏远地区，像其他优秀的学生一样，他从未离开他攻读博士学位的美国。他现在是圣地亚哥的一位年轻教授，几个月前我任命他为希格斯粒子分析小组的负责人。从数字上看，这个小组人数最少，只有 27 位物理学家参与其中，远远少于有数百成员寻求超对称性或处理超对称性的小组。这一差异反映了所有人的信念，在这 7 TeV 的数据中，希格斯粒子的研究将无法产生相关结果。我们不妨把注意力放在其他更有希望的目标上。

维韦克是我在大型正负电子对撞机项目时期的老朋友。他还是威斯康星州大学的学生时，我们就认识了。我们共同努力调整了我们在比萨建造的硅微型跟踪器的位置。几句话就足够了，维韦克明白了这件事的重要性。没有时间可浪费了，我们必须在秋天前取得成果。我们必须立即组织一组模拟实验来检查它是否正确。直觉上，似乎对我们来说是非常合理的，也就是说，我们可以用 5 fb-1 来做到。但我们需要制定一个全新的战略。到目前为止，我们所有的分析都是基于在 14 TeV 下收集数百个 fb-1 的假设。在这种情况下，发现希格斯玻色子简直是小儿科。我们所有的研究都告诉我们，只要把精力集中在每个质量区域的一种衰减模式上就足够了，不管希格斯粒子藏在哪里，我们都能发现它。

有了 14 TeV 的大型强子对撞机，就像住在五星级酒店一样，你可以点任何想要的东西，他们会在你的房间里为你提供早餐，但 2008 年的事故让我们伟大的梦想破灭了。我们在山上的一间小屋里醒来，必须做一些保暖工作，如果找不到食物，找不到烧壁炉的木材，就会冷到磕牙打战，忍饥挨饿。

7 TeV 和 5 fb-1，一切都更加困难。单个的希格斯衰变信道无法提供足够强的信号。除了把尽可能多的衰变信道组合在一起，没有别的办法。这意味着要让数百人工作。在 115 ~ 150 GeV 之间的最低质量区域是不够的，根据我们对标准模型的精确测量，这是最可疑的区域。在那里，只要有一点希望，就需要做出特别的努力。

我们不得不重新开始，改进分析并使它们更加完善。我们必须发明新的技术来选择相关的信号，必须抛弃迄今为止所做的所有研究，重新开始更详细的分析和更精确的校准。

在进行模拟实验以确定战略改变的同时，一场真正的讨论也在今年夏天开始组织起来。成百上千的人不得不再次被说服改变他们的计划，投入一项看似绝望的事业中。为了获得成功，最好的协作力量必须集中在最强大的大学以及最有才华的年轻人身上。

一个接一个会面，连续几周，面谈几十个小组。我还记得在说服负责研究小组的教授同事时遇到的困难。他们摇了摇头，因为他们不想改变已经开始的论文和人们花了很多年准备的研究。越是说事业难，我越是强调要发明新的分析方法，越能看到参加会议的年轻人眼睛里亮着一种奇怪的光。这就使我们在合作的成千上万年轻人中招募到最优秀的人才。

几个月之内，几十个组织和数百名优秀的年轻人加入了这一行动。到 2011 年夏天，也就是巴黎非正式会议的一年后，当我们对希格斯粒子研究小组进行统计时，发现紧凑渺子线圈项目的希格斯粒子研究小组快超过 500 个了。数百名男孩和女孩将开始研究创新的方法来寻找这一决定命运的玻色子。如果今天全世界都在庆祝这一科学上的成功，那么，决胜优势就在于这些年轻人，他们能够以热情和激情来迎接挑战。只有当年轻人被要求承担重大责任时，他们才具有这种热情和激情。要信任他们，他们有这个能力。

与超环面仪器的艰难交易

当 7 TeV 测量开始时，紧凑渺子线圈比超环面仪器更快产生结果。这正是我们所期望的：我们的实验更容易校准；此外，强大的磁场、跟踪检测器与用于 μ 子的跟踪检测器的组合，拥有出色的性能。

在几个月内，紧凑渺子线圈项目发表了一系列令人印象深刻的文章。当测量到最大质量物体（如顶夸克）的产生和衰变机制，并对非常罕见的现象（如成对的W玻色子的产生）进行研究时，每个人都明白，我们已经准备好进行大狩猎了。超环面仪器项目也取得了优秀的成绩，但很挣扎。他们总是落后几周或几个月，发表的文章不如紧凑渺子线圈项目的完整和创新。竞争越来越激烈了。

在大型强子对撞机项目中选择两个独立的实验是欧洲核子研究组织的战略举措。它重复了自UA1和UA2时代以来一直使用的脚本。兆电子伏特加速器项目采用了同样的配方，CDF和D0两个实验相互竞争、协作。寻找希格斯玻色子或寻找新的物理信号是一项极其复杂的工作。我们正在寻找微小而罕见的信号，这些信号往往隐藏在与我们想要研究的现象相似的现象之下。现代实验是用非常复杂的技术建立起来的，这些技术隐藏了所有细微之处和可能发生的故障。用来识别有趣事件、重新构造它们并详细研究它们的软件，由数百万行代码组成。在这种情况下，任何人都可能犯错或低估系统错误的某些缘由。恐惧是我们最经常的旅伴。我们的噩梦是忽略一些细节，让自己相信我们有了重大的发现，然后才意识到我们犯了一个小错误。我们的信誉将会被深深地、永远地破坏，而它是我们拥有的最珍贵的资产，是我们最关心的东西。

由于这个原因，在大规模的合作项目中，如紧凑渺子线圈，控制和验证机制总是活跃的，这至少应该保证我们避免最严重的错误。我们也意识到，并非每件事都能完美地运作。这就是为什么会有两个实验，对于我们自己和我们想要达到的结果，这是一条安全带。两组独立的研究人员使用不同的技术和不兼容的软件程序，正在寻找相同的信号。如果其中一个发现了什么，另一个将有机会验证它。只有当它们都得出相似的结果时，人们才能合理地确信它们的正确性。

这种机制不可避免地涉及激烈的竞争。每个人都知道，在任何时候，其他实验的同事可能会宣布一些重要的事情。这使得科学家们的合作关系持续紧张，他们毕生都梦想着成为第一个观察到物质新状态的人。在竞争的压力下，我们会想尽一切办法，探索所有的道路，不断寻求新的想法，以达到终点。

这种竞争即使如此激烈，也会以特殊的形式出现，例如，对于那些正在开发一种新的微处理器或一种新药的人来说，也就是那些具有强大经济影响的研究，是无法理解的。在这些领域，竞争团体之间有最严格的机密性；通常情况下，即使是在同一家公司工作的研究团队也不会交换意见的。

我们一切都不一样。这两个实验所使用的技术众所周知，所有的东西都发表过。软件也是如此。他们没有秘密，也没有隐瞒可能会损害其他合作的信息。如果一个实验失败，几周内都无法获取数据，另一个就会尝试等待它被修复。在一场依然激烈的竞争中，人们不断地交换利益。这两个团体都想先达到目标，但都不会同意通过不恰当的方式达到目标。

因此，我和法比奥拉在进行科学竞争的过程中相互残酷打击的同时，自然保持着真挚的友谊。我们经常组织有我妻子卢恰娜和我们共同的朋友参加的晚宴。我们什么都谈。她对我的女儿茱莉亚很感兴趣，茱莉亚是苏黎世歌剧院的舞者，舞蹈是法比奥拉小时候的爱好之一。我建议她多休息，因为在我看来，她的眼睛就像那些睡眠不好的人的眼睛一样疲惫。毫无疑问，寻找希格斯玻色子不会是我们私下讨论的话题。这两个实验已经向公众展示了我们打算做什么：我们打算分析的通道和我们想使用的技术。比赛已经开始，愿最优秀的人获胜。

然而，在我们之间的交锋中，紧凑渺子线圈先得一分。2010 年巴黎会议一结束，我就被告知，我们的一个分析小组发现了一些意想不到的东西。我们在 8 月初见面，这马上就变得很有趣。它与希格斯玻色子无关，也与新物理现象无关，但它是一个非常有趣的效应。在我们的质子碰撞中，出现了一种微妙的现象，这种现象以前只有在重离子之间的碰撞中才能观察到。每年都会有一个月的大型强子对撞机数据采集时间用于这些研究，通常是在圣诞假期加速器关闭之前的这段时间。

当铅离子以高能量碰撞时，核物质似乎会融合，产生一种由夸克和胶子组成的完美流体。人们对它的性质进行了详尽的研究，因为人们认为，我们宇宙的全部物质在大爆炸后的最初时刻就经历了这种状态。碰撞是壮观的：数百条带电轨道和能量释放痕迹以一种非常独特的方式分布。超环面仪器和紧凑渺子线圈采集数据并能够进行有趣的测量，但在这种情况下，ALICE 实验起了主要作用，因为它是专门用于这类研究的仪器。

紧凑渺子线圈观察到的现象本身就很有趣，因为没有人希望在质子碰撞中观察到这样的现象。我们已经记录了数百个从碰撞中产生的粒子的奇怪分布。一切似乎都表明，这种由夸克和胶子组成的神奇液体的微小液滴产生了这种效应。这个场合对于测试我们内部控制程序是有用的。

经过数周的激烈讨论，结果得到证实后，剩下的就是让紧凑渺子线圈之外的科学界对其进行评判，在欧洲核子研究组织的一个研讨会上展示数据，并就此发表一篇文章。超环面仪器和 ALICE 都无法得出类似的结果，所以只有紧凑渺子线圈能够呈现新的观测结果。

这是 2010 年 9 月 22 日，全世界都在报道大型强子对撞机首次发现了一种新现象。紧凑渺子线圈的结果吸引了人们的注意和共识，突然，丑小鸭被华丽的羽毛覆盖。有人在超环面仪器咀嚼痛苦，一种坏情绪在实验中滋长。项目的许多人攻击法比奥拉，指责她太害羞、太善良，无法阻止那些野蛮的紧凑渺子线圈项目的人。

但超环面仪器项目的反击很快就来了。他们会在最意想不到的时刻击中我们。在质子数据采集结束，铅离子数据采集开始的几天后，超环面仪器项目给出了一个惊人的结果：记录的事件如此不平衡，以至于它们似乎违反了能量守恒原理。显然，以粒子喷射的形式从一边逸出的能量，与相反方向释放的同等能量并不平衡。这种现象在某种程度上是意料之中的，但对于大型强子对撞机来说，它以前所未有的清晰度呈现出来，而且他们第一个报道这种现象。夸克和胶子的流体能够强烈地相互作用，阻止两种喷流之一的形成，从而产生能量不平衡的事件。我们也看到了同样的现象，但这一次他们领先了，而我们在挣扎。不到两个月，法比奥拉就恢复了局面。最后，这两个实验一起呈现了新的结果，但每个人都清楚，这一次是他们表现出色，我们紧随其后。

在互相交流之后，我们决定应该共同定义一种发现程序，该程序总结在一份由所有人签署的简短备忘录中。如果这两个实验中的一个发现了一种新现象，它将被要求通知欧洲核子研究组织主任，并将初步结果传达给另一个。从那时起，第二次实验将有一到两周的时间来调整结果并同时发表。如果不能，前者将自行发展下去。

这场艰苦的比赛真正开始了。

给我一个“五”！

这项任命将于 2 月初在夏蒙尼宣布，这是欧洲核子研究组织自大型正负电子对撞机时代以来一直坚持的古老传统。这是机器专家和实验发言人召开的为期 5 天的年度会议，以确定本年度数据收集计划的每一个细节。今年是 2011 年。在我们日夜讨论的小旅馆外面，游客和滑雪者拥上缆车，到达比安科北侧和勒布雷旺南侧的斜坡。夏蒙尼是极限滑雪之都，那里的斜坡都很漂亮，也很有挑战性。我喜欢滑雪，对我来说，当外面阳光普照，人们背着滑雪板跑到斜坡上时，在那里讨论粒子束的发射和准直度是一件很痛苦的事。其中的利害关系太重要了，讨论的任何细节都不能漏掉。

这个旅馆的房间几乎容纳不了蜂拥而来的一百多人。整个星期，我们讨论碰撞的能量和强度可以提高到什么程度。最终，在 2010 年，大型强子对撞机在 7 TeV 的情况下运行良好，像林恩・埃文斯这样的专家甚至认为，可以达到 9 TeV 或 10 TeV 而不会有大问题。对我们这些想要发现希格斯粒子的人来说，能够依靠更高能量的碰撞意味着更大的成功机会，但史蒂夫很谨慎，完全不相信这个提议。仍然有太多的未知、太多的风险隐藏在复杂的技术中。没有人确切知道在经受了初步测试的 12 000 个焊缝中还隐藏着多少隐患。如果程序中有其他错误，没有人能保证类似 2008 年的悲剧不会重演。如果再发生一次事故，就算不那么严重，我们也经不起批评的浪潮了。大型强子对撞机项目有可能终止，然后把我们都送回家。史蒂夫的最后一句话毫无疑问：他将继续维持 7 TeV。

然后法比奥拉和我转向亮度的突破。最后决定了，大型强子对撞机也将在 2012 年获取数据，目标是达到 5 个 fb-1，但 2011 年的官方目标将只有 1 个 fb-1。史蒂夫一直都很小心。他很清楚还有很多事情可以做，即使在酷刑下他也不会承认。区别是巨大的，他很清楚。我们所有的研究都表明，超过这条红线，我们就有可能发现幽灵希格斯玻色子，而这条红线恰好就位于这个神奇的数字周围。我们越早积累这些数据越好，但史蒂夫不想冒任何风险。

这就是为什么，开玩笑地说，他在夏蒙尼的演讲结束时，我公然向他打招呼并大声说道：“没关系，史蒂夫，现在给我一个 5 的指标呗。”我们一年到头都在玩这个游戏：每天早上 8 点 30 分，我们在控制室开会讨论当天的计划。这是一种仪式，我们看着对方的眼睛，笑着结束会议。我们都知道那个眼神的含义：“你给我 5 个 fb-1，我就给你希格斯玻色子。”

假警报还是划时代的发现？

当我打开电脑阅读晚上发来的电子邮件时，我知道这将是灰暗的一天。今天是 2011 年 4 月 22 日，离复活节还有两天，今天我和妻子本应该去蔚蓝海岸。我们在“战壕”里度过了圣诞节，我一天也不能离开。接下来是几个月的疯狂工作，为新的数据采集期做准备。我已经向卢恰娜许诺过一阵子了，复活节那天我们会放三天假。我在圣特罗佩订了一家浪漫的酒店。我们开车几个小时就能到达，天气预报也很好，但我马上明白，我眼前的这个烂摊子会毁了所有的计划。

一夜之间，科学博客上爆发了一场风暴。这个标题很有说服力：《有传言说，超环面仪器发现了希格斯粒子。》在这些文章中，引用了一份内部文件，报告了粒子衰变为两个质量为 115 GeV 光子的强烈信号。类似的情况出现过，在大型正负电子对撞机项目的最后几个月里，也出现了许多希望和冲突。我的收件箱塞满了信息，已经有第一批记者要求评论和采访了。

当我打电话给酒店取消预订时，我尽量不去想卢恰娜悲伤的样子。几分钟后，我启动了一种反应机制，它将让我们经历数周的地狱时光。

我做的第一件事就是打电话给法比奥拉，给她解释发生了什么。她和我一样感到惊讶和尴尬。这不是合作的官方结果。超环面仪器项目有一个小组单独行动了，编制了一份内部文件，并在核实和审查之前发布了出去。超环面仪器项目有人想中头彩。这是所有可能的情况中最糟糕的。

这是由老朋友吴秀兰领导的一个来自美国威斯康星州的小组提出的。秀兰是一位经验丰富、技术娴熟、积极进取的科学家，身边都是有天赋的年轻人——维韦克是她的学生之一。她的工作能力极强。她出身于中国香港一个非常贫穷的家庭，年轻时才华横溢，被纽约的瓦萨学院全免学费录取。这所学校专为美国最富有家庭的女孩开设。在这里，她遇到了后来成为肯尼迪夫人的杰奎琳·布维尔。作为一名刚毕业的学生，秀兰与发现粲夸克的小组成员丁肇中一起工作过。也许是由于她们有着共同的中国血统，也许是由于天生的亲和力，她很快就成了丁的学生，从他身上继承了高效率和侵略性。

和许多大型正负电子对撞机项目的科学家一样，吴秀兰真诚地相信，旧机器发现的 115 GeV 信号中隐藏了希格斯玻色子，因此，她的分析可能是有条件的，几乎是预制的，为了不惜任何代价提取信号。她的工作没有得到其他小组的证实，这是一种不正确的做法，这使得分析非常脆弱。在这种情况下，超环面仪器项目可以轻易将这个小组关闭，但这也可能是一个做得很好的、科学上正确的分析，只是因为她想要这一发现的荣耀完全属于自己而保密。她可能已经能够确定更好的信号选择标准。在这种情况下，经历了合作中各种各样的动荡之后，超环面仪器除了采纳它并将其公之于众别无选择。最终，这仍将是一个划时代的发现。对于紧凑渺子线圈项目的我们来说，大灾难即将到来。

反应是即刻的，关于希格斯衰变成两个光子的研究小组（据称是秀兰的发现）被召集起来。维韦克・夏尔马，在欧洲核子研究组织工作了几个月后，回到圣地亚哥庆祝他的孩子米拉的七岁生日，也马上被召回了。专家们组成了一个特别小组来校准量热计，所有收集到的数据都被重新处理，以便释放最新的结果，然后在我们的数据中重现使得超环面仪器出现永久信号的相同选择序列。我们鼓励一切头脑风暴。

2011 年 4 月 25 日，法比奥拉正式宣布，超环面仪器项目进行了核查，之前令大众媒体兴奋不已的结果是伪造的。在两个光子中没有希格斯粒子信号。这让我安心，但我不相信它。有时官方发表声明是为了减少来自媒体的压力，以便能够平静地工作。没有人能保证这个问题在几周内不会再次发生。只有当我们完成了检查，才能恢复平静，我们仍然需要时间。

最后，我们也得出了同样的结论：115 GeV 什么都没有。虽然整件事让我们的神经崩溃了几个星期，但对紧凑渺子线圈项目的工作还是有好处的。双光子希格斯衰变群已经成为最强、最具凝聚力的衰变群之一。害怕输掉与超环面仪器项目的竞争，这几周的工作比几个月的工作更多。新思想和新工具被开发出来。最重要的是，团队精神凝聚了起来，这将在不久之后，当第一个真正的迹象被发现时，这种精神会被证明有着决定性作用。

出乎意料的是，秀兰在深夜来到我的办公室，在40号楼的五楼，我惊讶地听到她为所发生的一切道歉。秀兰脸上总是有一种坚不可摧的神情，不流露任何情绪。她泪流满面，坐在我面前，我无法对她太苛刻。我知道她犯了一个严重的错误，也许是不情愿，也许是出于野心，但她违反了合作中最重要的一条规则。我知道她会付出沉重的代价，在超环面仪器项目内部被孤立。如果她在紧凑渺子线圈项目，我不会仁慈。她现在就在我面前，泪流满面。没人逼她这么做。她觉得她有责任为我们因她而所做的牺牲道歉。我只是告诉她，这些事情已经发生了，现在最重要的事情是向前看，努力地、真正地、发现这个该死的粒子。

复活节已经过去了几个星期，我们再次处于戒备状态。这次我们的数据发生了一些变化，但这与希格斯玻色子无关。加速器正在全速运转，史蒂夫的工作也做得很好：每周我们收集的数据比2010年收集的还要多。按照这个速度，我们将会在6月到达第一个fb-1。在这里，壮观的事件开始有规律地出现。

它们是非常干净的事件，碰撞中只有两个电子或两个μ子在大角度出现，典型的横向高能量事件，并预期会在大型强子碰撞机中发生；未曾预料到的是，它们聚集在一个特定的质量区域，形成一种过量分布的峰值。这就是正在发生的事情。在950 GeV左右，在一个预计几乎看不到任何东西的区域，开始两个，然后三个，最后四个事件出现了。每个事件都好像在说："嘿，你还在等什么？你没看见我们在这里吗？"

我立即通知合作的所有人。在这些情况下，当我们认为我们可能很快就会有一个发现时，我们会使用一个标准三色代码的系统进行通知。我用橙色代码激活了发现程序，以表明可能有新物理信号。这需要仔细检查，因为它可能会导致误报，但也可能会导致红色代码，也就是宣布一项发现。该过程允许激活所有的协作来控制事件，启动一系列无穷的验证，寻找在相似分析中也可能发生的类似信号，所以我们又一次进入了兴奋和忙碌的阶段。

这些事件似乎与多年来一直在寻找的事件一模一样。这是预测 Z 玻色子超大质量伙伴的经典衰变模式之一。它们将是与 Z 玻色子非常相似的粒子，但要重 10 倍，并且在一些额外维度的模型中可以预测。它们被称为 Z '，它们的发现将标志着一个划时代的分水岭。气氛非常紧张。当我们继续收集数据并每天监测其他类似事件的出现时，电子和 μ 子领域的前沿专家们正在检查每一个细节的质量。为了使 μ 子脉冲测量的分辨率达到最大，我们准备了一种新的校准方法。类似的信号也在其他的衰变和已知粒子的其他大质量伙伴中寻找，例如 W ' 或 top'（顶夸克的伙伴）。大自然可能给了我们惊喜，让我们发现了大约 1 TeV 的第二组粒子，类似于 W 玻色子、Z 玻色子和顶夸克，在标准模型中分布在 100 GeV 左右。其他的研究小组开始工作，使用不同的信号选择标准来重新进行所有的分析。

我们的冷静受到了严峻的考验。当所有的检查似乎表明事件是正确的，信号继续加强时，我们准备起草一份方案，并且非正式地通知研究中心的主任。我跟塞尔吉奥说，让他做好准备。我们再等一周，如果这种情况继续下去，我就得召集罗尔夫和法比奥拉开会启动调查程序。在合作中，我们热情高涨。即使最谨慎的人似乎也深信不疑。年轻人无拘无束，他们已经为这种新粒子找到了一个名字，他们把它命名为“圭多”。

我觉得很难受。一方面，我必须准备捍卫一个轰动的结果。这将明确地表明，我们生活在一个多维的宇宙中。这些发现将永远改变我们对世界的看法。这是我们多年来的梦想。另一方面，我担心，一些令人振奋的结果被证明只是统计上的波动。对于紧凑渺子线圈来说，这可能是胜利，也可能是灾难。

然后，突然间，有趣的事件不再出现：一个星期过去了，其中两个事件不见了，它们似乎已经销声匿迹。有一段时间，我们怀疑我们的触发电路中有什么东西已经停止工作，我们不能再记录它们。随着时间的推移，我们屈服了。信号失去了统计意义，越来越弱。我移除橙色警报，提醒塞尔吉奥一切恢复正常。当数据采集完成后，为了纪念 Z 玻色子的伟大冒险，一个小的剩余统计波动将保持在 950 GeV。要弄清楚我们的宇宙不是四维，而是六维或十维，使我们对世界的看法发生划时代的改变，还得再等一段时间，但我们是冷静的，我们不会让自己被热情冲昏头脑。我对紧凑渺子线圈项目组的表现感到非常自豪。

6

在沉默中迎接宇宙的真相

美好至极的礼物

日内瓦，2011 年 11 月 8 日

我们把这段时间称为加速器的“奔跑”，也就是说，它开始运转工作了。已经过去几个星期了，加速器的项目成员每个人都感到惊奇。物理学家和工程师经过艰苦的工作，对大型强子对撞机进行了非常精准的微调。最近几周，一天之内，它们产生的碰撞次数超过了整个 2010 年。从夏天开始，大型强子对撞机开始像瑞士手表一样精确地运转。

整个 2011 年，加速器项目的工作人员都做得非常出色。现在，在每个质子束包中，有 1 500 亿个质子在循环，这是一个让人担心的问题，因为在如此高的强度下，最轻微的事故对加速器来说都可能是灾难性的。

这就是为什么要仔细监视一切内容。保护程序日益完善，诊断中的每一个异常迹象，即使是最微不足道的，都要详细研究。我们花了几周，甚至几个月的时间，进行了持续的、细致的、有条理的工作。这些工作由一天天微小的改进组成，我们小心翼翼地尝试一点一点提高亮度，最终我们做到了。

整整一年，我问史蒂夫·迈尔斯索要5 fb-1，他一直保持沉默。最后，他没有做任何宣布，也没有大吹大擂，给了我们6 fb-1。这是我们梦想的目标，事实上，壮观的事件开始出现在我们的数据中。它们是我们一直期待的，它们聚集在低质量区域，是最难探索但也最有趣的区域。几个月来，参与分析的年轻人改进了搜索工具，提高了分辨率，提高了效率，并更好地理解了导致背景噪声的过程。我们现在可以看到这一非凡努力的成果。我逐个认识那些热情洋溢的年轻人，他们拖着分析小组不顾一切地工作。我和他们相处得很好，几乎每天都能见到他们。

11月8日是我的生日。就像许多希格斯工作小组一样，今天有一个会议，会议上提出了最新的结果。峰值是125 GeV。没有什么特别的，但是有一些东西。就其本身而言，这样的事件过多毫无意义。但恰恰又是在同一处，另一组研究人员收集的情报中聚集了一小部分非常罕见的事件。

是它。

我感觉到了。我肯定。有些人仍然不明白。对于我们以狩猎、采集为生的祖先来说肯定也是如此。有人感觉到灌木丛后面有猎物。没有动静，没有声音，没有痕迹，但他精准地射出了箭并且知道箭会射中目标。

今天我知道，我是第一个知道希格斯玻色子真的存在的人。当我想到它的时候，我感到头晕目眩。多年来我们一直在寻找它，很多人都怀疑它的存在。最后它就在那里，在最明显的地方。它躲起来，以为自己安全了，但却被发现了！

几个月后，每个人都会知道，全世界都将庆祝科学的又一次成功。今天，我周围的年轻人是第一个把微弱信号分离出来的人。我和他们一起讨论，一片欢声笑语。没有提到发现，甚至没有提到希格斯玻色子，但在我们的眼中，有东西在闪闪发光。没有人会把自己太当回事，但我们知道自己做得很好，这足以让我们感到兴奋和快乐。他们给了我梦寐以求的最好的生日礼物。

玻色子猎人的加速过程

为了充分理解近几十年来最重要的发现之一的工作过程，有必要花几分钟试着扮演一下猎人的角色，权衡他的武器，了解他的技巧。

对希格斯玻色子的搜寻并不是盲目的。标准模型中一号的标识非常详细。它的特性和所有的生产过程众所周知。它能够预测有多少玻色子可以进入大型强子对撞机的碰撞过程中，以及它们可以衰变成哪些粒子。你寻找的是罕见事件，这并不会吓到你。我们习惯于大海捞针。事实上，准确地说，我们通常是在数百万个干草堆里寻找针叶。困难来自它会从根本上改变质量的事实，我们之前没有经验，所以搜索必须使用数百个不同的流程，每一个对应一个特定的质量假设。这就像是在寻找数百种不同的粒子。因此，要覆盖所有的可能性，需要几十个小组和数百名物理学家的工作也就不足为奇了。

首先，有必要考虑产生这种粒子的不同方法。在大型强子对撞机中，最常见的是两个胶子（强子的载流子）的融合，它们正面碰撞，相互湮灭，产生一个孤立的希格斯玻色子。我们还不遗余力地探索了其他不常见的机制，并且留下了非常有特色的痕迹。其中最有趣的是一个希格斯玻色子与一个 W 玻色子或者与一个 Z 玻色子一起形成的过程，以及一个希格斯玻色子因一对 W 玻色子或一对 Z 玻色子的湮灭而形成的过程。

于是就有必要考虑不同的衰变模式。在我们探索的范围内，从 115 ~ 1 000 GeV，希格斯玻色子可以分解成 W 玻色子对和 Z 玻色子对。我们称之为两个衰变通道，这在所有的研究中都存在。在 350 GeV 以上，衰变成成对的顶夸克也是可能的，但这需要一个极其罕见和困难的过程来检测。另一方面，在 160 GeV 以下，会非常罕见地衰变为两个光子，并形成成对费米子: 陶子和 b 夸克喷注（也被称为“底夸克”或“美夸克”）。

对于每一个特征，都必须考虑大量的辅助通道。例如，要研究希格斯粒子衰变成一对 Z 玻色子，我们可以有很多不同的组合，这取决于两个 Z 玻色子的衰变模式。回想一下，不仅希格斯粒子，W 和 Z 玻色子也是不稳定的粒子，它们会立即分解成其他粒子。首先我们研究的案例之一 Z 玻色子可以衰变为两个 μ 子和另两个 μ 子，然后我们在第二个衰变的两个电子，或两个陶子，或两个中微子，或 b 夸克喷注中寻找。接着我们继续这种情况，第一个衰变成两个电子，第二个衰变成两个 μ 子，然后变成两个电子，等等。简而言之，要用这种方式回到希格斯粒子，就像“中国盒子”[①] 一样，有必要识别其衰变产物的衰变产物。

一旦为给定的质量区域选择了特定的通道，就要寻找与玻色子存在相匹配的信号。这项研究从希格斯玻色子不存在的假设出发，并试图排除它的存在。如果在某个区域中未能做到这一点，则这是该物质以特定质量存在的第一个迹象。如果希格斯玻色子存在并且恰好具有那样的质量，那么要把寻找的信号特征相一致的事件数量与应该观测到的事件数量进行比较。因此，一个点接一个点，一个通道接一个通道，整个地区都被探索了。

收集 5 fb-1 之前进行的所有模拟都告诉我们，有了这些数据，我们将有足够的灵敏度看到或排除 115 到数百 GeV 的希格斯玻色子。如前所述，115 ~ 150 GeV 之间的区域最复杂。如果希格斯玻色子隐藏在那里，最多只能观测到微弱的信号，这些信号很可能与背景交叉。我们必须把我们的力量集中在那个区域，不断努力改进分析，以利用所有可获得的衰减通道。

那里最重要的通道是所谓的玻色子，也就是希格斯粒子衰变成

①“中国盒子”一词经常在隐喻意义上使用，例如描述某些作品的结构。在文学中，角色也讲故事的叙事结构（“叙事中的叙事”）可以称为“中国盒子”。

一对光子,W或Z玻色子的通道。对于一对W玻色子，识别相对简单，因为探测器可以识别出来自W玻色子衰变的电子和高能 μ 子的存在。问题是，还有许多与希格斯玻色子无关的其他过程，希格斯玻色子也会产生高能轻子对，它们隐藏了信号：将希格斯信号与W玻色子对产生的背景区别开来是一项非常复杂的工作。此外，对于这个通道，质量分辨率非常差。事实上，在W玻色子的轻子衰变过程中，会出现中微子，这些中微子对探测器来说是不可见的，它们逃逸并带走了衰变过程中的部分能量，因此，粒子的原始质量只能间接和近似地评估。总之，W玻色子对的衰变可能暗示了一些事情正在发生，但它不能为我们提供希格斯粒子存在的决定性证据。

为了确保找到希格斯粒子，信号必须出现在高分辨率的两个玻色子频道：两个光子的衰变和Z玻色子对中的一个衰变。大量的事件集中在定义明确的区域中，这些通道能够通过峰值的出现识别在质量分布中玻色子的存在。

希格斯粒子衰变为光子产生了壮观的事件。这两个高能光子在垂直于粒子束射线的平面上以相反的方向发射，很容易识别。紧凑渺子线圈量热计的分辨率很高，可以很好地测量它们的能量。如果它们来自希格斯玻色子，它们可以让你以1%~2%的精确度来确定粒子的质量，所有的信号累积起来形成一个极小的事件峰值。

不幸的是，即使在这种情况下，也有其他现象产生的事件与我们正在寻找的事件相同，并且隐藏了信号。构成背景噪声的事件比由希格斯玻色子引起的事件要多得多，它们的质量分布却非常不同。

它们不形成峰，但以一种有规律的方式分布在各处，数量随着质量的增加而迅速减少。寻找希格斯玻色子意味着知道如何很好地测量这种背景分布，这样我们就可以确定我们正在寻找的峰值产生的每一个微小驼峰。

希格斯粒子衰变成 Z 玻色子对也产生了美妙的事件。在这种情况下，我们记录的数据中只有四个轻子出现。每个 Z 实际上会衰变成一对电子或介子，所以有三种不同的组合：四个电子，四个介子或两个电子和两个介子。用紧凑渺子线圈测量电子和介子的分辨率惊人。在这些事件中没有中微子，所有的能量都以 1% ~ 2% 的精确度重建。换句话说，四个轻子所来自的希格斯玻色子的质量可以极其精确地重建出来，即使在这种情况下，玻色子的存在也会在质量分布中表现为一个峰值。与衰变成两个光子的情况相反，这里的背景噪声非常低。在标准模型中，很少有低于 150 GeV 的事件产生四个轻子。不幸的是，由希格斯粒子引起的事件非常罕见。在 2011 年收集的所有统计数据中，我们预计只有两到三件是相关的：我们必须小心，不要失去任何一件相关事件，因为即使一项事件也可能产生影响。

费米子通道，即希格斯粒子衰变为两个底夸克或两个陶子的通道，要比其他通道复杂得多。这种情况发生的概率很高，但希格斯衰变几乎与大量正常的事件完全相同，这些正常的事件搅乱了报告罕见事件的信号，影响了判断。这种情况发生的概率很高。在发现希格斯粒子之后，如果我们想要确定是否存在异常，特别是与费米子的耦合是否完全符合标准模型的预测，那么这些衰变就必须加以研究，而且这将变得非常重要。

这就是我们发现的策略。在高质量区域，这些数据足以产生一个清晰可见的信号，以便将所有的衰减通道组合成 W 玻色子对和 Z 玻色子对。如果希格斯玻色子出现在低于 150 GeV 的最困难区域，当我们在衰减通道中记录 W 玻色子和两个通道中的过量事件时，我们将获取它出现的第一个迹象。

光子和 Z 玻色子对中的一个，会在同一时间出现两个质量相同、明确的峰值。如果我们看到一个信号出现，就有必要检查它在不同衰减模式下的强度和成分是否与希格斯玻色子在相同质量下的预期一致。最后，统计数据必须考虑在内，因为我们观察到的每一个新结构都可能是构成背景噪声的已知现象的简单波动。我们确信，只有当信号如此强烈，以至于由简单统计波动产生的概率降低到不到百万分之一时，才会有新事物真正出现。在那之前，我们必须继续保持谨慎。

冷热交替的“苏格兰淋浴”

截至 2011 年 6 月，大型强子对撞机已经产生了超过 1 fb-1 的数据。全年的目标已在首三个月达成。现在，统计数据让我们可以研究所有最有趣的通道，随着数据的积累，希格斯粒子隐藏在最高质量区域的可能性越来越小。在 150 ~ 450 GeV 之间，我们现在已经达到了足以看到或排除希格斯粒子存在的灵敏度。在高质量的情况下，过量并不显著。我们所看到的一切都可以用标准模型的已知过程来解释：因此我们可以开始排除在 150 ~ 200 GeV 和 300 ~ 450 GeV 之间希格斯粒子的存在。在 200 ~ 300 GeV 之间，在 150 GeV 以下，在 500 GeV 以上，我们仍然需要暂停判断，因为我们没有足够的灵敏度来确保论述。我们需要更多的数据。

尽管如此，在低于 150 GeV 的情况下，似乎发生了一些有趣的事情。在 2 个 W 玻色子衰减通道中存在大量的事件，这引起了大家的惊讶和兴趣。事实上，在双光子或四轻子衰变通道中什么也没有出现，这使每个人都非常怀疑。但也没什么好说的，因为数据统计量仍然太低。

在一切检查完毕之后，7 月我们将在格勒诺布尔举行的欧洲物理学会大会上展示第一个结果。我们检测到的过量并不显著，并且受较低分辨率衰减通道的控制。然而令人兴奋的是，超环面仪器也观察到了类似的东西。

就像紧凑渺子线圈的结果一样，超环面仪器的结果排除了希格斯粒子的质量在 150 ~ 200 GeV 和 300 ~ 450 GeV 之间的高质量区。它们在两个 W 玻色子通道和同一低质量区域也表现出过量，尽管这两种结果有很大的不同。科学界的兴趣如此之高，大众媒体的关注如此之强烈，以至于对新发现的期待在全世界传播开来，四处弥漫着一种非常乐观的气氛。然而，这种期望完全没有动力。我们试图用各种方式来解释它，无论是针对合作项目内部还是记者。现在还太早，我们还没有足够的灵敏度，我们必须等到有 5 个 fb-1，即使是在低质量区域也能说出一些相关的信息。只有在高分辨率通道中出现某些信号时，我们才能谈论有希望得到希格斯玻色子的信号，但这种尝试并不太成功。报纸上的标题是:《希格斯玻色子:也许就在那里！》《在 140 GeV 很多有趣的事件里可能隐藏着人们苦苦追寻的玻色子》。

所有这些炒作中唯一积极的一点是:现在很清楚，大型强子对撞机实验在寻找希格斯粒子方面处于领先地位。兆电子伏特加速器的科学家们在脖子上感受到了我们的呼吸。在巴黎出完风头的一年后，他们在格勒诺布尔展示的数据，已不再那么令人印象深刻。我们都知道，如果大型强子对撞机继续表现如此出色，他们则不可能在竞争中胜出。

在格勒诺布尔激动人心的事件后，过了几个星期，一切都在一瞬间消失了。故事始于超环面仪器，他们在分析中发现了一个小错误。为了在会议上发表报告而展开的竞争中，背景噪声声源之一被低估了。回想起来，曾经引起如此多关注的过量变得不那么明显了。然后，在分析新数据后，一切似乎都恢复了正常。事实上，大型强子对撞机并没有停止工作，在接下来的几个星期里，在两个实验中，140 GeV 左右的过量能量逐渐消失，直到几乎完全消失。

当我们 8 月在孟买的轻子光子会议上见面时，在印度季风的暴雨中，两个实验项目组只能忧郁地表明，一个月前给每个人留下深刻印象的低质量过剩，失去了意义。沉闷的季风抹去了所有残留的兴奋。我们的情绪就像坐过山车一样，但现在我们已经习惯了。

当我们从热情转向失望时，悲观情绪似乎占了上风。我们正在为最坏的情况做准备：大型强子对撞机里什么都没有，希格斯玻色子不存在。几乎每个人都相信，这也将是许多不成功的尝试之一。它将成为又一项大胆尝试飞上天空但没有成功的实验。你可以安慰自己说："排除希格斯玻色子仍然是一个伟大的科学发现。"在物理学中，否定的结果也很重要，那些否定的结果排除了某个理论是正确的。没有找到一个预测的粒子不是失败；相反，它意味着对所有已知模型的进一步限制，它仍然促成了知识的进步，它推动我们把注意力集中在尚未被证伪的理论上，或者建立全新的理论。

然而，我们每个人都知道这可能会对大型强子对撞机产生严重的影响。不出所料，欧洲核子研究组织委员会立即授权一个小组准备了一份文件，解释排除希格斯玻色子在科学上的重要性。9 月 16 日，一份初稿出来了，并且标题很奇怪：《希格斯玻色子可能被排除在 114 ~ 600 GeV 的质量区域的科学意义以及最佳传播方式》。特别是最后这句话，让我们很多人感到困惑。显然，人们担心可能会出现政治上的挫折，担心一些国家会逃避未来雄心勃勃的加速器计划。或者，更糟糕的是，20 个成员国中的一些国家减少了对欧洲核子研究组织的年度财政承诺，连带影响着其他国家也这样做。除了声明之外，在经济危机和政府部门裁员的几年里，给欧洲核子研究组织的这项年度贷款，仍然是固定金额的法郎，这显然不受一些政府和欧洲公众舆论的欢迎。

对于一个经过多年努力的组织来说，心理上的影响也不应该被忽视，这个组织已经经历了无穷无尽的“苏格兰淋浴”——冷热交替。我们每个人都知道，安理会的文件在科学上是正确的，但没有人能使我们相信，我们对发现一种新的物质状态或排除它的存在也感到同样的满意。

我们只是缺少了中微子！

我几乎窒息了。我被匆忙吃下的那一口三明治噎着了。我和塞尔吉奥在一起，欧洲核子研究组织中央大楼的六楼，总管理处的楼上，就在我们会见最重要的科学或财务委员会的房间外面。我们正在休息，吃点东西，喝杯咖啡。很快我们就会重新投入会议中去，这将会占用我们一整天的时间。塞尔吉奥把我拉到一边说：“一颗真正的炸弹就要爆炸了。还有一些测试要做，但似乎由安东尼奥·埃里迪达托领导的 OPERA[①] 小组已经测量出超光速的中微子。几个月来，他们一直在反复检查每件事，效果依然存在。官方声明将很快发布。系好安全带！”

OPERA 是位于意大利格兰萨索的一个重要的地下实验室，距离

① OPERA（Oscillation Project with Emulsion-tRacking Apparatus）是一项旨在检测中微子振荡现象的实验。

欧洲核子研究组织 700 多千米，坐落在山脚下的一个洞穴里。实验的目的是收集 μ 中微子束转变为 τ 中微子的证据。关于中微子转变的倾向，已经被确认为这个家族的其他成员，但是还没有人记录下 OPERA 研究的过程。欧洲核子研究组织发射了一束高强度的 μ 中微子，它被引导到地下穿越地壳到达格兰萨索。中微子是一种非常轻的粒子，不带强电荷和电磁电荷，可以不受干扰地穿过数千千米的岩石。OPERA 记录了这些粒子与设备之间罕见的相互作用，并在这些相互作用中寻找那些非常罕见的情况，在这些情况中，从欧洲核子研究组织发出的中微子（ μ 中微子 ）转变为另一种中微子（ τ 中微子 ）。

2010 年，OPERA 成功地识别了第一个转换事件，并继续收集数据以识别其他事件。顺便说一句，他们也测量了这些粒子到达格兰萨索的时间，正是通过检查这个数据，物理学家们发现了一个惊人的异常：比预期提前了 600 亿分之一秒。有个小问题，不过如果得到证实，就有必要承认，在某些条件下，中微子的速度能超过光速。这是一个轰动的且完全出乎意料的结果。

我的第一反应是烦恼。我们只需要这个，现在！在我们应该保持更专注和更冷静的时期，又一场媒体风暴向我们袭来。我们不是把所有的精力都花在分析大型强子对撞机提供给我们的新数据，并理解所有的微妙之处上，而是不得不浪费时间回应记者，向电视解释、告知这些措施的细节，以确保不会说不准确。

然后恐惧就来了。现在，我们在最坏的情况下结束了。这种措施并不能说服我，而且我不是唯一认为一定有什么地方出了问题的人。绝大多数科学家持怀疑态度。这倒不是因为对狭义相对论的不加批判的信任占据了主导地位。事实上，科学家们必须承认，迟早会有一个实验来临，它会让一切坍塌，即使是那些我们认为像花岗岩一样稳固的少数确定性。

怀疑的原因是，中微子的速度已经被测量了好几次，而且一直被发现与光速一致，即使在很远的距离上也是如此。当 1987 年的超新星爆炸时，多项实验测量了这颗垂死的恒星发出的中微子的到来，没有发现异常。这种情况下的能量确实不同，但人们应该像抓住救命稻草一般去思考，恒星发出的中微子比欧洲核子研究组织光束发出的中微子传播速度要慢。然后，如果这是真的，将会对其他已经以最大精度测量而没有发现任何异常的量产生重要的影响。

我的恐惧来自突然出现在我面前的噩梦般的场景。今天我们都在庆祝这一令人难以置信的成就，并且在这几个月里，欧洲核子研究组织被戴上了高帽子：这是世界上最重要的实验室，在这里有划时代的发现，甚至是对爱因斯坦的质疑。然后，也许在几个月后，事情就改变了，关注和盛赞会突然变成信誉的丧失和全球的耻辱。就是在这种情况下，参与大型强子对撞机项目的我们说道："我们发现了希格斯玻色子。"欢迎我们的喧嚣声已经在我的耳朵里回响。但谁会逼我们做这种让自己陷入混乱的事情呢？欧洲核子研究组织把它的活动和声望与埃里迪达托的实验结果联系起来有什么好处呢？此外，OPERA 甚至不是它的实验之一！

然而，此刻木已成舟。埃里迪达托在宣布重大消息的历史性地点——中央大礼堂公布了实验结果，而这则新闻如预期的那样引起了全世界的关注：数百篇文章、数十次采访和各种网站。即使是我，一个与此无关的人，也会接到几十个人打来的电话和电子邮件，祝贺欧洲核子研究组织的伟大新成果。我不得不咬紧牙关，不说出我的想法。在官方评论中，我不得不尽量保持冷静："有趣的测量，但是……在……之前需要做许多检查。其他实验将不得不证实……"

当人们了解与 OPERA 项目合作中存在着一种垂直的分歧时，就更加困惑了。这种分裂如此之深，以至于许多人都没有在要求出版的文章上签字。这证明了实验的内部机制中有些东西不能正常工作。

正如我们已经看到的，事实上，在大型协作中记录到意外结果时，就会触发验证和控制程序，涉及的发现在科学上影响越重要，研究就必须更加深入。组织这一验证过程并确保没有任何遗漏是发言人的主要职责之一。如果没有内部的验证机制，紧凑渺子线圈每天都能发现超维信号和超对称粒子。在如此复杂的仪器中，什么都能产生出那些能够彻底改变我们对宇宙的看法的相似的信号：未完全校准的检测器、电路故障、微不足道的电磁干扰、被忽略的物理背景、被遗忘的软件漏洞……可以无限地列举下去。

这是一个熵的问题。有成千上万种不同的方法来酿造劣质葡萄酒，但只有一种方法才能酿造出优质的西施佳雅葡萄酒。物理结果也是如此。没有什么神奇的方法可以百分之百保护你，但是如果你因为太过匆忙或者被聚光灯所吸引，而忽略了任何一个最重要的控制程序，结果肯定是灾难性的。为此，需要自我控制和冷静。最重要的是，所有从事实验的物理学家都必须参与这些决定。你需要马上给成千上万充满激情和智慧的专家打电话，找出你可能一直忽略的某项测量的缺点。

第一道保护措施是在实验中使用最大的透明度。每个人都必须有权访问所有信息。每个人都有权利和义务对某一分析小组得出的结果进行猛烈批评。每个人都必须访问研究的每一个细节，并能够复制它们。如果结果有显著的影响，就必须要求更多的独立团体使用完全不同的方法和软件来尝试重新得到该结果。在这个过程中，必须把等级制度和权威原则放在一边。我在紧凑渺子线圈项目中见过很多非常年轻的学生，他们只问了一个简单的问题，就否决了著名教授提出的结果。

然而，必须接受的是，尽管我们尽了最大的努力，仍然可能会犯错误。很多实验都发生过这种情况，甚至是最著名的那些。1985年，UA1，鲁比亚领导的实验，宣布发现了40 GeV的顶夸克，但UA2无法得到这个结果，很快就证明鲁比亚的结论是错误的。在这场事件中，刚刚获得诺贝尔奖使他避免了比瞬间失去信誉更严重的后果。我们已经提到过大型正负电子对撞机项目对115 GeV希格斯粒子的假警报，类似的名单很长。

当你推动你的部队去探索新的领域时，你必须意识到你可能会犯错误。你必须承认，在成百上千不可能的实验中，有一些会犯错误。科学验证，自伽利略的时代起，就要求必须通过在相同条件下重复进行相同的实验来找到结果，并且经过其他独立的观察者“尝试且再次尝试”必须得出相同的证据。在过去的400年里已经表明，这个机制能正常有效工作。即使在OPERA的事件中，也只需要几个月时间就能意识到这些条件并不存在：其他实验无法得出这个结果，因此该结果会立即被当作可能发生的众多错误之一存档。在此次合作中发生的事情是不正常的。后来人们知道，一些测量的细节也被隐瞒了，甚至实验的合作者也不知晓。独立的研究小组没有被要求检查所有的东西，并试图用不同的方法重现结果。发言人急于宣布这一重大发现。那些表示困惑并要求核实的人被当局要求保持沉默，因此他们没有签字署名。所有这些严重的错误都阻止了问题的及时暴露。随后在2012年春天问题还是被发现了：一条愚蠢的光缆连接不良，以及引起如此大轰动的测量是错误的。

对于大型强子对撞机项目来说，我们很幸运，因为这一切都发生在春天。几个月前，我们已经在12月的研讨会上向世界宣布，我们有了玻色子存在的第一个证据。当OPERA承认他们的错误时，我们在欧洲核子研究组织已经着手发现希格斯粒子了，但风险仍然很大。

最后，所有的责任都落在了埃里迪达托身上，他确实犯了错误，但最终付出了比他真正的错误更高的代价。他很沮丧，被迫辞去发言人一职，而那些曾称赞他为新爱因斯坦的媒体公开嘲笑他。在这失败和耻辱的时刻，凡是曾经登上胜利马车的人都瞬间消失了。欧洲核子研究组织假装什么也没发生。一份冷冷的新闻稿称，OPERA发现了实验设置中的缺陷，质疑了几个月前公布的结果。过了一段时间，在回忆那段时期时，塞尔吉奥·贝托鲁奇会用一贯的语气取笑说："我很清楚结局会是这样的。在意大利，什么时候会有东西比预定时间提前到达？"

通过某种方式，在某种时机下，肯定是有机会发现中微子爆炸的。也许有人需要欧洲核子研究组织来制造轰动的效果。自 2008 年以来，该实验室就一直处于被媒体过度曝光的状态，而这种不断出现在头版的需求正是媒体过度曝光的后果之一。长期以来，我一直试图了解是谁决定以欧洲核子研究组织的名义赞助 OPERA 的发现。我只得到了最经典的责任推诿。在这一点上，我担心我的好奇注定得不到回答。

扼杀那个信号

当全世界都在关注中微子的时候，我们继续分析新的数据。史蒂夫不断提高加速器的亮度，一切都运行得很完美。我们收集了很多数据，但我们必须解决我们的问题。最严重的问题就是连环相撞。

为了增加亮度，史蒂夫增加了每个光束包中质子的密度，并改善了光束的聚焦。所有这些都涉及一种在大型强子对撞机等机器中广为人知的现象，但我们没想到这么快就必须处理这种现象。在实践中，每次光束交叉的碰撞次数显著增加。我们很快地从每一次交叉只能重建一个相互作用的理想状态，过渡到平均碰撞次数为 12 次的状态，在极端情况下，可能变成25次。其中，只有一种可能是有趣的，其他的碰撞都不是很有活力，但每一个粒子都会产生几十个粒子，这些粒子加剧了你想要研究的事件的混乱。

大型强子对撞机实验就是为了解决这个问题而设计的，但这是我们第一次真正面对这个问题，没有人确定我们的方法是否如预期的那样有效。7月，他们通知了我们，大家马上就开始工作了。甚至许多人在8月放弃了一周的假期，为的是9月最后一波热潮开始时，一切都能就绪。已经发展出了一些创新的想法，这些想法在理论上似乎很有效，但你必须做好干预的准备，以防出现问题。事件可能比预期的更复杂，以至于你无法将它们记录到磁盘上。我们地狱般的超级处理器（它的触发电路只选择和重建有希望的事件），可能会崩溃，并被无法消化的信息流吞没。然后，有必要检查所有的分析在这些新条件下能产生可靠的结果。你必须模拟所有细节，并在计算机上生成数十亿个事件，以确保新方法正确地工作。

幸运的是，这种增长不是突然的，而是渐进的，所以你有时间一步一步地进行检查，并在必要时调整焦点。问题是，你一刻都不能放松。这是数百人几个月的疯狂工作，他们竭尽全力减少重建迹线所需的时间，试图减少热量计的混乱并减轻堆积对选择电子、光子和 μ 子的影响，最重要的重建希格斯粒子的信号。

与此同时，新数据的质量必须得到验证，而且通常必须快速重新处理所有数据，以便利用最新的调整或测量成果。我们不能等几个月。在几周的时间里，我们想要分析一切并弄清楚这个该死的玻色子是否存在。

乐队全体演奏，指挥一定不要太激动。理解是完美的、全面的。只需要轻轻挥舞指挥棒，风轻云淡地一瞥，各部分就能及时地完美进入和退出旋律，而独奏者则交替展现他们的精湛技艺。在我的一生中，我从未见过如此庞大的异质群体如此热情而不知疲倦地工作，仿佛它真的是一个单一的有机体。

结果很快就出来了。最前线的三个分析小组在寻找低质量希格斯粒子的过程中起了决定性的作用。在每一项工作中，100 位物理学家被划分成一个子群网络。

研究希格斯粒子衰变成 W 玻色子对的人，提高了加速器的灵敏度。我们已经说过，这种分析的质量分辨率无法与希格斯玻色子在两个光子或四个轻子中的质量分辨率相比。后一组将决定比赛的结果。如果在双 W 玻色子衰减中没有多余的东西，这种努力可能就是徒劳的。研究 W 玻色子的团队，费尽心血，设法提高了这个通道在所有地方的灵敏度，现在它还可以获得大约 120 GeV 附近发生的事件信息，这接近大型正负电子对撞机项目的极限。几个月前，它还被认为是无法管理的。为了确保结果可靠，我们已经组织了几个独立的分析组。三个小组相互合作又激烈竞争，试图在产生最可靠和最令人信服的结果上超越对方，这些结果将发表于整个合作项目的文章中。

在光子对中寻找希格斯粒子的小组知道他们是被关注的焦点，他们也感到有责任给出可靠的结果。他们面临的挑战在于将电磁量热计的校准推到最大限度，并充分地了解其背景。希格斯粒子衰变为两个光子的迹象是壮观的，但我们必须区分成千上万个几乎相同的背景事件下隐藏的 100 个希格斯事件。这里也形成了独立的子组，他们使用不同的方法来识别相同的信号。子组获得的每个结果都将被其他组逐个事件地验证，直到分析完全同步为止。分辨率上的任何微小改进都可能是重要的。这是一个研究量热计反应细节的小组。这 75 000 个晶体每一个都被放在显微镜下，根据粒子的撞击点分析每种物质的响应，检查其响应的时间函数，根据条件修正任何细微的变化。

另一些人则利用这两个光子的每一种信息来重建它们的起源点，并检查它是否与发生碰撞的点一致。还有一些人将所有事件划分为不同的类别，根据可以收集的信号的纯度，每一个类别都有不同的权重。这样，灵敏度被推到了极限，但一切都变得极其复杂，特别是当不同的分析器必须组合在一起时。

最后，还有一个研究希格斯粒子衰变为四个轻子的小组。在这里，人们做了太多的工作来研究低能电子和 μ 子，以及如何在碰撞后最后几个月的高堆积环境中识别它们。为了在低质量区域寻找希格斯玻色子，这样做是必要的，因为我们知道，我们最多也就能够信赖少量的有用事件。希格斯粒子衰变为两个 Z 玻色子，然后每一个 Z 玻色子又衰变为电子或 μ 子，这是一个非常清楚的过程，因为背景很少，这种现象非常罕见，一个都不能错过。有人发现，根据希格斯玻色子的预测性质，通过分析其衰变成的轻子的角度分布，可以改善信号与背景的分离。和其他小组一样，有独立的分析，再相互挑战以产生最好的结果。

在所有的小组中，都有年轻人想要使用非常创新的分析系统。这些系统最近在物理学中被引入，特别适合在非常复杂的情况下搜索微小信号。它们被称为多元分析，因为它们同时使用所有可能的变量来选择有趣的事件。然而，在紧凑渺子线圈，我们仍然不相信我们可以用它们来研究希格斯粒子。它们是非常复杂的分析，有时你可能会失去对你所做事情的控制。但它们非常重要，因为它们让我们能够进一步核实正在发生的事情。

11 月初，对希格斯粒子的搜寻仍有一些令人困惑的迹象。W 玻色子对的研究小组观察到了整个地区低于 160GeV 的事件过多，这可能是该领域正在发生一些事情的第一个迹象，但在这一通道中有太多的起起落落，以至于无法吸引人们的热情。更有趣的是希格斯粒子在四个轻子中的情况。低于 130 GeV 的事件比预期的要多。但目前还不清楚会发生什么。在 125 GeV 附近有两个活动，在 119 GeV 附近有三个活动。正确的面积是多少？或者它们都是统计上的波动，是随着新数据的到来而逐渐淡化的临时事件群吗？

所有的目光都集中在希格斯粒子衰变成两个光子上。但研究小组仍然无法分析所有的数据，因为这些研究必须同步进行，而且他们希望得到最新的校准数据。因此，在 11 月 8 日，举行该小组的众多会议之一时，并没有特别的紧张气氛。除了我、维韦克和其他几个参与者之外，在场的大多数人都不知道其他分析中发生了什么。我们参加所有的会议，获得第一手信息，而某个特定小组的人员则全神贯注于自己的分析，无暇做其他事情。

当结果显示 125 GeV 的峰值时，没有多少人明白到底发生了什么。首先，因为潜在信号很弱，其次是因为在 145 GeV 有另一个峰值，有人可能会认为，在这里我们也看到了不稳定的统计波动。像我一样，当他们看到这些数据时，他们的心沉了下来。会议照常进行，仍有问题需要做出解释。在同一天，我遇到了两个小伙子，他们在第一线不同的分析小组，他们同时也交换了信息，“不用多说了”。

立即开始的命令是明确的和强制性的：你们有两周的时间来消除这个信号。尽一切努力让它消失。如果不行的话，月底前我将和总干事再讨论。

在紧凑渺子线圈项目内部，忙碌的日子里检查、恐惧和痛苦交织着。另外，大型强子对撞机项目之外的其他科学界人士则非常冷静。每个人都在讨论新的设想，因为现在已经很清楚，希格斯粒子并不存在。

在我那个特殊生日的一周后，我们去索邦大学参加理论物理学家的定期会议。我们的朋友们为了捍卫这个或那个可以解释希格斯玻色子不存在的新物理模型而激烈地斗争着。有个幽默的人，考虑到彼得已年过八十，用一块牌匾开始了他的演讲，牌匾上用大字写着希格斯，在 RIP 下面写着“节奏中的安魂曲”。在这些讨论进行的时候，我让自己保持一定的冷静。我一直沉默着，我的眼睛盯着我的笔记本电脑，不断地与欧洲核子研究组织联系。微笑的影子照亮了我的脸。

7

改变物理学的七个月

我的脊背一阵颤抖

欧洲核子研究组织，日内瓦，2011 年 11 月 28 日

我们用几个星期试了各种方法，但还是没有效果。希格斯粒子研究小组的人疯狂地试图破坏结果或发现分析中的弱点。最有经验的物理学家，见识过各种各样事物的人，都被迫去帮助年轻同事的工作。这些事件一个接一个地由最好的检测专家检查，以寻找每一个细微的病理。人们提出了数百个问题，每个问题都得到了令人信服的答案。最后我们不得不放弃，信号是存在的，而且依然存在。我给总干事打电话确认 11 月 28 日的会议。罗尔夫没有给我时间让我、塞尔吉奥以及法比奥拉坐到一起讨论，他让我立即开始。他渴望看到这些数据。因为我们谈过，我们看到了一些东西，但这取决于细节。我打开笔记本电脑，开始工作。我列出了我们能研究的所有衰减模式。我讲述了在处理其中一些问题时所克服的困难，例如我们最初甚至没有考虑过的费米电子学。我展示了我们已经成功实现的敏感性。到目前为止，紧凑渺子线圈已经能够在希格斯粒子仍然隐藏的区域里，发现一些重要的东西。然后我将焦点移到高质量区间的搜索结果。现在我们可以平静地说：在 150 ~ 600 GeV 的整个区域，没有任何东西与希格斯玻色子相似。

如果我们研究 150 GeV 以下，就发现这里发生了一些变化。我们不能排除在 128 GeV 以下希格斯玻色子可能存在，因为在这些部分出现了大量的事件，主要有三个最敏感的衰变通道：两个 W 玻色子、两个光子和四个轻子。其质量峰值在 125 GeV 左右，这非常像希格斯玻色子出现时我们所期望看到的情况。它在统计上的显著性还不足以确信：我们已经发现了它。它产生的波动，仍然有百分之一的机会，远低于通常的标准。但我们无法以任何方式让它从我们的数据中消失。

然后就看法比奥拉的了。她的声明干巴巴的，她只说了几个字："我们看到的情况一样。"她的脊背一阵颤抖。当我们直视对方的眼睛时，我们无法掩饰自己的情绪。我们都知道这一刻的重要性。现在我们确定就是它。我们知道，在这两个实验中，在同一点和同一高分辨率通道出现恶性统计波动的概率确实非常低。

然而，他们并没有表现出热情。如果有人从外面看到围坐在罗尔夫办公室桌子旁的四个人，他不会意识到 21 世纪的发现刚刚初露端倪。每个人眼中有一些闪光，但整体看起来就像许多常规的会议之一。

"我们现在的重点是决定研讨会的日期，在那里我们将传达结果。

今天是12月13日，星期二。”有必要给媒体打电话，做正确的事情，避免必胜的信念，尽可能保持低调。是的，两个大型强子对撞机实验项目在125 GeV左右看到了同样的事件，但没有理由仓促得出结论。几个月后，我们将收集新的数据，这样我们就不会再担心这个信号会逃逸出去。这是不值得推测的。

无须争辩，我们立即决定，这两种结果不会合并。在2012年，这两个实验将继续独立收集更多的数据，最终的发现将在年底公布。届时，在这两个实验中，信号将被加强到克服任何合理怀疑的程度。这一战略将保护我们免受我们今天看到的，可能仍然是统计波动的可能性影响，尽管这种可能性很低。

经过多年的激烈竞争，我们争先恐后地跑向第一名，每个人都害怕失败。现在我们知道，超环面仪器和紧凑渺子线圈将携手冲过终点线，就像两位来自同一个团队的马拉松选手。

现在已经10点半多一点，会议持续了一个半小时，每个人都有很多事情要做。我们互相道别，但我们一离开罗尔夫的工作室，法比奥拉和我就无法抵抗吞噬我们的好奇心。现在我们可以做到了，多年来我们一直公平自律，再也不会有互相限制彼此的任何风险了。我们围坐在电梯附近楼梯平台上的小玻璃桌子周围，整个上午都开着笔记本电脑，讨论两个实验中使用的选择、各种通道获得的结果及事件，以及我们见过的壮观景象。现在我们的眼睛带着笑意和闪光。路过的人都用一种奇怪的眼神看着我们，好像在想：“超环面仪器和紧凑渺子线圈的两位发言人有什么好讨论的呢？他们为什么这么高兴？”几周后他们就会知道了。

在午夜

几天之后，我们将不得不宣布我们所看到的事件，这真是忙碌的几周。控制仍在继续，并且在协作中存在激烈的讨论。我无法说出我对超环面仪器的了解，双方都决定对彼此的结果保密，哪怕只是因为它们可能在最后一刻出现变化。检查继续进行着，如果一旦检查失败，那么总体情况将发生巨大变化。

在紧凑渺子线圈项目中，有很多人，尤其是年轻人，对我们得到的结果充满热情，但希格斯玻色子分析也受到了许多最有经验的物理学家的关注。自从第一个迹象出现后，我就挨个与该实验的所有创始人交谈，从米歇尔·德拉·内格拉和吉姆·维尔迪开始，向他们寻求建议，并分担此刻的责任。我得到了很多支持，很多鼓励，还有一些关于如何继续下去的好建议。

这可能看起来很奇怪，但当我们把讨论扩大到所有的合作成员时，恐惧和强烈的抵抗也出现了。我们将公布的结果引发了热烈的讨论。很多同事不相信这个结果，有些人还公开反对。对许多人来说，这种怀疑是一种审慎的健康态度：信号仍然太弱，我们在那里获得的的迹象还不明显，它可能仍然只是一个统计波动，我不能说超环面仪器也看到了同样的事件，虽然这会让一切更有说服力。也有一些同事依然被以往的经验束缚：“125 GeV 的信号是没有的。”“希格斯粒子的质量为 115 GeV，我们已经在大型正负电子对撞机中发现了这一点。”“那是一个错误的信号。”最后，少不了嫉妒者，有些人无法掩盖自己的自负。成为一名科学家并不能使你免于人类的痛苦。有人公开向我坦白：“我愿意用 20 年的生命换取你在此时的地位。”

随着研讨会的临近，也有一些人到我的房间来要求我让步——“你将紧凑渺子线圈暴露在一个巨大的风险中”，“数据中没有任何东西表明希格斯玻色子的存在”，“你承担着巨大的责任，在公众面前展示它们，就好像它们是发现的第一个证据一样。你将为此付出代价”。我已经知道，如果一切都像肥皂泡一样破裂，许多人会扑向我，而只有我一个人承担坏人的过错；另一方面，如果我们最终真的发现了希格斯粒子，那些来批评我的人将会第一个出丑。这就是游戏的规则，任何发言人都非常了解这些规则。

现在距研讨会只有一个多星期的时间了。在半夜，我被一个电话惊醒了。不是 P5，它今晚睡得很安分。电话是从意大利拉斯佩齐亚打来的，我被告知，我父亲因急诊住院了。“爸爸。”我对卢恰娜说，她立刻从床上站了起来。“我得走了。”她只补充道：“我和你一起走。”该下楼去喝杯浓咖啡，然后给我的秘书基尔斯蒂和娜塔莉发封电子邮件了。我父亲正在做手术。我要去找他。我通知了奥斯汀、阿尔伯特和乔。阿尔伯特·德·罗克和乔·因坎德拉是我的两位副手。当我不在的时候，就由他们来共同负责，而奥斯汀·鲍尔负责探测器的技术工作。我要求大家不要传播这一消息，以免给已经处于压力之下的团队增加不确定性。

晚上，我们随便打包了简单的行李，然后动身前往拉斯佩齐亚。500km 的车程等着我们，没有时间可以浪费。宝马 520d 吞噬了通往勃朗峰的高速公路，我们马上就上了通往隧道的国道。我记住了每一个弯道、每一个测速相机的位置。在搬到日内瓦之前，我每个月都要从比萨通勤好几次，有时坐飞机，更多的时候是开车，我开车就像开着自动驾驶仪一样。不过，在很多地方，我刚好忽略了限速。

工业区熟悉的烟囱告诉我们，我们就要到达目的地了。商业港口和重工业构成了迷人的海湾，让拜伦勋爵着迷，它至今仍保持着美丽。

当我们上气不接下气地赶到医院时，我的父亲还活着，只是还处于药物昏迷中。外科医生们都还在，他们对我很友好。他们耐心地回答我所有的问题，告诉我手术的所有细节。但当我问到父亲能不能撑过去时，他们的表情让我觉得没有希望了。我的父亲已经 86 岁了，但是他仍然有一个强壮的体格。他一直坚持多种运动，直到几天前，他每天清晨都会跑六千米。他参加过许多马拉松比赛，赢得了组织者为老年运动员专设的奖品和奖牌。但是这个打击太可怕了，医生们都很悲观。我们必须为最坏的情况做好准备，父亲只剩几天或者一个星期的时间了。

医生允许我进入术后康复室，我走到父亲的病床前。我一直通过 Skype 和总是微笑着的父亲通话。几个小时前，他正在生与死之间挣扎，呼气困难，身上连接着监视各种重要功能的机器。他被心脏病击垮了，而我被他这般痛苦的模样击垮了。

医生说他完全听不见，他听不到我说的话。但我还是走近他，握着他的手，抚摸他的额头，告诉他发生了什么事，他为什么在那里，以及医生对手术的看法。我告诉他我现在在这里，他会得到很好的照顾。我告诉他，他快当曾祖父了，迭戈的孩子即将出生。迭戈是我的儿子，他也是一位物理学家，定居在芝加哥。一切都很顺利，预产期就在这几天。然后我跟他说了在欧洲核子研究组织发生的事，还有希格斯玻色子。我告诉了他将要公告新发现和一些细节：除了研究中心的内部人员，他是第一个知道的人。他睁开眼睛，看见了我。不管医生怎么说，我们还是进行了几分钟的交流。你冷吗？他点了点头。你还认识我吗？他点了点头。我从他的眼神里看出了安慰和温暖。我们继续沟通了一会儿，然后他又开始打瞌睡了。几天后他就会逝去，那个小小的奇迹不会发生。

重大公告

在研讨会结束后的几天里，我不知疲倦地在紧凑渺子线圈工作，紧张局势继续上升。我觉得我活在噩梦里。我把时间花在最后几次对数据的检查和耐心地说服那些仍然对我们结果的可靠性持怀疑态度的人上。每隔两天，我就趁着黑夜跑到拉斯佩齐亚帮助我父亲，哪怕只有几个小时，然后再赶回日内瓦。

在分析小组工作的年轻人几近疯狂。我们鼓励他们提出新的想法，成效明显。有些人已经发展出多元分析希格斯粒子衰变为两个光子的方法。我们没有时间对已经采取的行动进行所有细节的验证：我们正在讨论的内容不会公开，但对我来说，了解发生了什么至关重要。这种类型的分析非常敏感，但我们所看到的过量事件也可能消失。

不过，这个信号不仅持续存在，而且以一种最佳的方式利用所有变量使得信号得到加强，尽管只是轻微加强。

当最新的量热计校准结果可行时，我们松了一口气。我们冒了很大的风险决定使用新的校准常数。我们的做法有些盲目，因为即使在这种情况下，如果两个光子的过量消失了，整个论证就崩溃了。即使在这种情况下，信号仍然存在。事实上，一群来自罗马的年轻人开始研究一个衰变通道，考虑到我们记录的数据量有限，没人认为它现实可行。可是结果令人震惊。他们探索希格斯玻色子衰变成两个光子的过程，这同时包含两个以小角度发射的高能喷流。这是由一对 W 或 Z 玻色子湮灭而产生的希格斯玻色子的典型特征。这个通道中的信号比传统的胶子融合产生的希格斯玻色子要少得多，许多人认为这只是一种分析。徒劳的努力。但是来自罗马的小家伙们做了一项伟大的工作，他们找到了一种正确选择事件的方法，他们也看到了 125 GeV 左右的信号。在我的坚持下，当我们讨论合作的结果时，气氛顿时紧张起来。这个分析非常初步，仍然有可能出现错误，没有人有时间对它进行全面的检查，离研讨会只有几天的时间了。反对意见非常强烈，大家最终决定，不把这个分析囊括在官方结果中，但对我来说，下周二我会将其放在紧凑渺子线圈的结果中，知道这个新研究中也存在信号就像买了人寿保险。

今天是 12 月 11 日，星期天，我在准备研讨会。我待在家里就是为了这个目标：只剩两天了，明天就要进行最后的测试了。所有紧凑渺子线圈项目成员都会出席礼堂会议，那些不在欧洲核子研究组织工作的人员将从世界各地连接视频会议。

明天我将站在讲台上，假装面前不是我的同事，而是研讨会上的科学家们，他们周二会聚集在礼堂里。紧凑渺子线圈项目的人员会默默地聆听。最后，他们会对所有内容提出评论和质疑，对每一处矛盾的细节、每一处不清楚的段落都加以批评，哪怕是文字或图形相关的最小细节。

早上晚些时候，他们从医院打电话给我，告诉我父亲没能挺过去。他强健的体魄使他在遭受巨大打击后存活了 6 天，然后他屈服了。医生们是对的。

我关上笔记本电脑，拥抱卢恰娜；我还得打电话给茱莉亚和迭戈。这个星期，我们每天都交谈，分享那一刻的悲伤，讲述他们祖父相关事情的细节，医生的话语，以及探访的小插曲，但是手机并不能拉近我们之间的距离。我们用 Skype 看着彼此的眼睛，就好像我们围坐在桌子旁，一起哭泣，互相倾诉，分担痛苦。这是一个充满悲伤和安慰的星期天，与小家庭在一起，重现了传统的充斥着追悼和眼泪的葬礼，克服悲痛，忘记分隔我们和阻止我们拥抱彼此的距离。

研讨会的彩排简直是场灾难，并不是因为我说的内容。讲话内容很好，所做的大量工作的呈现也很好。令大家惊讶的是我的态度、困惑的眼神和流露出不安的肢体语言。我能从他们的表情看出。从那几百双注视着我的眼睛里，我读出了这个问题："我们多年来认识的那位咄咄逼人、沉默寡言的发言人在哪里？圭多怎么了，是什么原因让他这么不确定？为什么他讲述的时候没有激情，带着迷茫、几乎超然的目光，就好像研讨会的主题与他无关似的？"

我已注意到大家对我的诸多观察，并向大家保证我会重视，但是，当我们分手的时候，我从那些鼓励我、拍我后背的人的眼神中看到了怀疑和恐惧。明天大家就会明白到底发生了什么，但是现在没有时间了。我得在研讨会前给弗朗索瓦·恩格勒打电话。我曾向他许诺，9月我们在布鲁塞尔再次见面时，他给了我他的电话号码。"你必须答应我，只要有玻色子出现的第一个迹象就给我打电话。"他告诉我。我答应了："我会的，不过作为交换，他们给你诺贝尔奖的时候，你得邀请我去斯德哥尔摩。"一次有力的握手和一个美好的微笑敲定了交易。打给弗朗索瓦的电话持续了半个小时。他一如既往的开朗和活泼，他想知道所有的细节。我向他解释说，我们会非常谨慎，研讨会不会发表任何正式声明。然而，事情很清楚，只要我们恢复收集数据，我们就会把发现公之于众。我们最后一个建议是："把7月的第一周空出来。"弗朗索瓦当时已经计划和他的妻子一起去美国旅游。我毫不犹豫地要求他取消一切计划。"当我们宣布这个发现的时候，你不能在美国！"

与彼得·希格斯的通话则短得多，也平和许多。我花了三天时间，为了今晚给他打电话。我发动了我们共同的朋友。他并不经常使用电话，也几乎不回应任何人。彼得被告知欧洲核子研究组织正在发生的事情时，他没有挂断电话。讲到重点时，我告诉他，第一次有非常明确的证据表明玻色子很可能出现在 125 GeV，他必须做好准备，因为 2012 年将是非常紧张的一年，他的回答只有五个字："噢，我的上帝。"然后，他向我道谢，跟我寒暄，但在我看来，他似乎更担心他将受到的关注风暴，而不是为他的直觉得到回报而感到高兴。

从一大早就可以明显看出，今天的会议将非常特殊。研讨会定于下午 2 点举行。礼堂大门在 8 点半就打开了，几分钟后，除了第一排的座位外，已经座无虚席了。该研讨会将进行直播，有来自世界各地的数千名科学家参加。来自各个时区实验室的数百名同事计划一起跟进这两场演讲：旧金山是早上 6 点，东京是晚上 11 点，墨尔本是午夜。电视台工作人员和数百名记者拥向日内瓦。为了表明这次活动的特殊性质，还宣布由罗尔夫·霍伊尔主持这次活动，这在欧洲核子研究组织的传统中前所未有。

我们准备就绪：超环面仪器项目先发言，这是我们之前抛硬币决定的。法比奥拉镇定自若，即使她的眼睛显示出疲劳和缺乏睡眠。我后来才知道，她在急诊室住了一夜，牙齿脓肿让她痛得发疯，医生想紧急给她做手术。她费了很大的劲才说服医生给她吃了止痛药，放她离开了。我们都很受伤，但很少有人注意到这一点。从今天早上开始，伴随我数周的所有焦虑，以及与之交织在一起的、对父亲逝去的绝望，突然间消失了。我很晚才醒来，紧张地整理和调整演讲材料。今天早上我休息了几个小时，一起床就早早地完成了工作。随之而来的是一种平静的感觉，这种感觉我在这种时刻很少有过。我慢慢地走着，向我遇到的每个人微笑。我知道一切都会顺利。我确信。

法比奥拉在一片寂静中详细地讲述了所有为校准最重要的仪器而进行的研究：量热计的校准、μ 子系统的排列、经费的筹划。然后她把重点放在三个最重要的低质量区间搜索上。她展示了他们在双 W 玻色子衰变中发现的过量。接着，她展示了在 125 GeV 的两个光子中寻找希格斯玻色子的小波动，以及聚集在同一区域的四个轻子中的一些事件。现在我们来看看：结合三个通道，在 126 GeV 附近出现了一个峰值。信号还很虚弱，还不能宣布一项发现，但这个已经非常明显了，不能把它视为微不足道的统计波动。结束语是谨慎的，但她演讲结束时的紧张、令人信服的掌声，都有着一个非常明确的含义：也许我们真的发现了。

轮到我了。我在期待和希望的气氛中开始，觉得听众在权衡我所说的每一个细节。我把我们研究的衰变通道一一举例说明。我比超环面仪器项目所展示的要多得多。现在我们可以肯定在大质量区间没有收获。我用费米子通道开启 150 GeV 以下的区域，希格斯粒子衰变成底夸克和陶轻子对。它们是最难的通道之一，超环面仪器项目还没有研究过。在过去的几周里，在非凡的努力下，我们完成了分析，也发现了一些关于希格斯粒子的线索。我镇定自若地继续讲述，看着每个人的眼睛，我认出了一个又一个紧凑渺子线圈项目的年轻人。从他们的表情我知道，他们现在为他们的实验感到骄傲。当我展示我们在三个关键通道中也看到了过量的事件，在研究双光子和四轻子的过程中，尤其是接近125Gev时，似乎出现了别的东西，我感觉房间里有动静。好像每个人都屏住呼吸，直到那一刻。在我手术的最后一部分，我解剖了我们刚刚记录的剩余部分：是的，我们看到的一切都与第一个希格斯信号兼容。但结论是保守的：信号还不够强烈，我们无法得出坚定的结论。我们必须等待2012年收集的新数据。

当我讲完的时候，房间里爆发出雷鸣般的掌声，似乎永不停止。每个人都知道，两个实验在同一点看到相同统计波动的概率非常低。

直播的组织从一开始就陷入了危机。并不是每个想要参加的人都能联系上，但还是有分布在世界各地的超过15 000人参加了这场研讨会。

最后，罗尔夫、法比奥拉和我一起进入房间回答记者的问题——在一个容纳两百个坐席的房间举行的一场新闻发布会。该会议室是工业建筑翻修的，现在，它与摄影机和工作站融为一体，可以将作品直接传输到编辑部。记者希望我们说“是的”，我们的肯定回答以大写字母作为头条新闻。但我们强加给自己的纪律性让我们能够毫发无损地越过所有的陷阱。有趣的迹象表明，125 GeV附近正在发生一些事件，但现在下结论还为时过早——再等几个月，我们就会知道了。

下午永远不会结束，当我们回到主楼六楼的会议室回答管理欧洲核子研究组织科学政策委员会的问题时，已经快6点了。在几个小时内，我们与世界上最好的物理学家中的大约 30 位进行了交谈。他们把我们放在烤架上，对我们狂轰滥炸般抛出问题，并且他们想要知道我们刚刚提出的结果的所有机密细节，但法比奥拉和我侥幸成功逃脱。

晚上 8 点，我们和塞尔吉奥一起上车前往埃维安，大型强子对撞机的物理学家和工程师正在那里等着我们。我们都筋疲力尽，一整天都没吃东西，到目前为止，肾上腺素让我们一直强撑着。一旦坐进车里，我们就会崩溃。我们都饿了。我们贪婪地看着路边不间断掠过的披萨店和小餐馆，幻想着有一盘意面可以吃。但是没有时间了。在埃维安，在距离欧洲核子研究组织 65km 的一家酒店里，我们与史蒂夫·迈尔斯重聚了，他和他的团队曾经让加速器神奇地在这一年里运转良好，让我们实现了目标。这是他们的年度聚会：用两天时间分享经验，讨论有关加速器的新想法。他们已经在那儿等我们两个小时了，我们不能错过。我们很久以前就和法比奥拉约定，不管 13 号下午发生了什么，我们都会在晚上加入他们。当我们到达的时候，每个人都鼓掌并拍拍我们的背。当我们梦想着坐在桌边的时候，他们要求我们以简要的形式重复我们刚刚结束的特别研讨会。我们逃不掉了，这是我们欠他们的。冒着我俩都晕倒的危险，我们打开笔记本电脑，准备再坚持一个小时，解释并回答问题。当我们终于到达餐厅时，法比奥拉和我在坐下之前，看着对方的眼睛说：这一天终于过去了，我们必须为这一天感到高兴。我们已经做了一些伟大的事情，并将继续下去。

在波托维内勒海

在研讨会的最后一张幻灯片里，我放了一张父亲的微笑照。我把我的演讲献给了他，因为我知道，如果他能参与到这一时刻，他会感到多么自豪。我仍然记得，1975 年，他怀着多么自豪的心情来到比萨参加我的论文讨论。这一次，他的双眼也会充满喜悦。许多同事都写信给我表示感谢。他们感激我的真诚和勇气。在我职业生涯中如此微妙的时刻，有着如此强烈的个人痛苦。

研讨会两天后，我回到拉斯佩齐亚参加葬礼。已经谈了好几次，我父亲表达了一个特别的愿望。他想被火化，他希望他的骨灰撒到海里。

我的父亲非常热爱大海，在我很小的时候，他就把这种热爱传给了我。我仍然记得我小时候的幸福，他对我说：我们出发吧。从蒙特罗索的卵石滩出发，我们游了几个小时，游向蓬塔梅斯科的一块岩石，蓬塔梅斯科是莱万托的岬角，到这儿就彻底脱离五渔村了。如今，这里已成为数百万游客的麦加圣地，一年四季都有大批游客拥向这里，但当时，散布在利古里亚海岸的村庄只是沉睡的渔村，很少有度假者在这里漫步。

在海中，我们彼此相距十米左右，平稳而有规律地前进。

我们穿戴上脚蹼和潜水面罩，看章鱼躺在海底平坦的岩石上。我们不时地看看对方，检查是否一切都正常。直到今天，我还记得那些无休止的游泳给我带来的健康和力量的感觉。

我在市政当局和港务局收集了信息。在海上撒骨灰一点也不简单。所有类型的授权都是需要的，并且这些授权并不是理所当然就能获取的。到了某个时候，我不再坚持，我明白我必须做什么。

我把父亲的骨灰放在骨灰盒里，我要把它带到墓地埋葬。我要做的事不会花太长时间。我跑到波托维内勒，它是一个北部与拉斯佩齐亚湾接壤的村庄中的明珠。12 月的日子天气晴朗，五颜六色的房子在阿普安阿尔卑斯山的映衬下显得格外醒目，那里白雪覆盖，还有大理石采石场。帕尔马里亚岛在前方。侧方是圣皮埃特罗小教堂。我父亲对这一天一定会很高兴，他会微笑点头，选择在他喜欢的地方休息，在他每年夏天潜水的海洋里。

生活，就像经常发生的那样，喜欢操纵人类的感情。研讨会结束四天后，在大西洋那一边的芝加哥，一个小男孩出生了。迭戈延续了世代的古老传统，决定以他祖父朱利亚诺的名字给孩子命名。

处于危险境地

研讨会的反响很快遍及全球。数百家报纸和电视宣布，欧洲核子研究组织正把希格斯玻色子逼入死角，而且观测到有东西在 125 GeV 附近移动。我们一直很谨慎，我们权衡措辞并使用中性的短语，但业内最有经验的人非常清楚正在发生什么。

甚至在官方宣布之前，就有传言说，这两个实验都能看到 125 GeV

附近的东西。一些理论家疯狂地写文章，预言希格斯粒子就在那里，在大质量区间，他们想尽一切办法在 12 月 13 日之前发表这些文章。其他人则开始思考这一发现的所有含义：对超对称性的影响、与暴胀的可能联系、真空的稳定性。还有一些人，比如约翰·埃利斯，在研讨会结束后立即将这两个实验的结果私下结合起来，这个图表四处流传，让人毫不怀疑结论。囊括了研讨会上提出的数据的文章，收集了数百个引用。

这一信息响亮而清晰地传达到了政界最高层。现在是 12 月 15 日，距离我们的研讨会只过去了两天，日本首相野田佳彦在东京参加一个物理学家研讨会，宣布他的国家将提供一台新加速器的主机，耗资 70 亿 ~ 80 亿美元。它将被称为 LLC，一个巨大的线性加速器，一个真正的希格斯粒子工厂，它将允许我们研究在欧洲核子研究组织看到的新玻色子的所有细节。在确定的发现宣布之前，争夺新一代后大型强子对撞机（post-LHC）加速器领导地位的竞赛已经开始了。

与此同时，我们正在为新的数据采集做准备。策略很明确：为了避免任何形式的制约，两个实验都将随机地进行分析。起初，没有人会去看 125 GeV 附近的新数据，希格斯粒子被怀疑隐藏在那里。当定义了这次新运行的所有分析程序后，在预定的时间打开新数据，我们将看到在 2012 年是否发现了与 2011 年发生的相同信号。经商定，两个实验将在 6 月中旬完成。

从 1 月 1 日起，约瑟夫·因坎德拉被选为我在紧凑渺子线圈项目的继任者，开始领导这个实验。列车以全速启动，但它仍可能在意外或一些杂乱无章的细节中脱轨。局势仍然非常紧张。

在 2012 年夏蒙尼的会议上，史蒂夫·迈尔斯接受了将能量提高到 8 TeV 的提议。2011 年的经历让大家更加自信。也可以试着去提高亮度，只要实验证实了进一步增加的叠加。每个人都喜欢能量的增加，因为它增加了可以产生的希格斯玻色子的数量，但另一种相互作用数量的增加是可怕的。每一次光束交叉平均会产生 20 次碰撞，峰值为 40 次。探测器能挺过这地狱吗？希格斯玻色子的分析，尤其是最关键的那些部分，能幸存下来吗？最终我们接受了挑战，但我们又一次被迫重新来过。我们重新设计了触发逻辑，以 8 TeV 的新能量产生了数十亿个事件的模拟，发明了新技术来减轻堆积对敏感分析的影响。所有的一切都必须在几个月内结束，因为 4 月初又要开始了。

3 月初在拉蒂勒举行的年度会议，是阿尔卑斯和落基山脉各滑雪胜地举行的一系列冬季会议的重头戏。今年的讨论都将围绕“发现”希格斯粒子的第一个证据而展开。在科学界仍有激烈的讨论：许多人相信希格斯粒子实际上已经被发现，但一些人仍持怀疑态度。很快就到 7 月 4 日了，我还在和同事们讨论 125 GeV 区域没有什么数据。一段时间以来，我想出了一个让他们陷入危机的策略。我提议打赌：不是通常的 20 美元，而是一大笔钱。我笑着提议，我想让他们怀疑我真的很认真。

我有一个笔记本，上面记下了大家名字的首字母缩写和下注的金额，我大声地朗诵着，一万五千英镑，两万英镑，等等，有的人脸有点发白了。当然，我从未试图从这些赌注中获得收益，如果我这么做了，我会变得非常富有。

从 4 月初重新启动以来，大型强子对撞机一直运转良好。在 6 月中旬，又收集了 5 fb-1 的新数据。分析已经准备就绪，只需要看一下数据，就可以决定在 6 月 15 日正式进行分析，以便有几周的时间来准备在国际高能物理会议开幕式上展示的结果。今年的会议将于 7 月 4 日在澳大利亚墨尔本举行。关键的时刻到了。选择进行盲法分析并不是上面的命令，而是超环面仪器项目和紧凑渺子线圈项目详细讨论的一个结果。我们对策略的优缺点进行了数周的评估，最终所有人都接受了。这两个合作项目都意识到了利害关系的重要性，并理解了选择自我约束的决定。因而没有任何人违反这个决定。直到昨天，当分析工作启动时，分析师有 24 小时来运行他们的程序。他们通宵工作，检查并制作了数百个图表，并准备了今天我们第一次能够一起讨论的报告。

这是一个星期五的下午，日内瓦的天气热得令人窒息。这种情况很少发生，但夏天的到来迫使我们不得不让会议室的门敞开着，那里现在挤满了人，而且没有空调。座位很快就坐满了，地板上到处都坐着人。成百上千的人通过视频会议联系在一起。每个人都知道这将是一个特殊的日子。我对数据中会出现什么几乎没有怀疑，但我和其他人一样感到好奇。近几个月来，希格斯粒子的分析得到了进一步的改进。细致的工作使人们相信多元分析可以应用于许多领域。在所有的分析中，几个独立的团体已经寻求不同但互补的路径，而且各处的敏感性都增加了。无论今天的结论如何，结果都将是可靠的。

当我进入房间，我立刻明白不会有任何意外。那些在晚上看到结果，并在几分钟前准备好图表的人，笑着欢迎我，拍拍我的背。有人想在我们开始会议前和我拍张照留念。为了缓解紧张气氛，艾伯特·德·罗克戴着黑色眼罩出现在会议现场，他们戴着这种眼罩在洲际旅行的航班中睡觉。他周围的每个人都笑了起来。展示马上开始了。成果展示者都很年轻，其中有很多女孩。

希格斯粒子衰变成 W 玻色子对的结果很好。介绍成果的是一个意大利人，他现在在加州和维韦克·夏尔马一起工作。影响整个低质量区域的事件明显过量。这是好事，但每个人都知道，单独来看，这个结果并不是决定性的。

当两个光子中的希格斯粒子到达的那一刻，整个房间都屏住了呼吸。展示成果的年轻女子很平静，还准备好了玩笑。她是麻省理工学院的一名中国学生，她演示的结果创造了一定的悬念，就像在电视节目中那样："这些是 2011 年的结果，"她展示的峰值在 125 GeV 左右，"但你们想看到 2012 年的结果，对吗？让我们一起倒计时 3，2，1，来吧……"她展示了 2012 年的图表，在相同的区域有一个明显的峰值。把这两个结果结合起来，这个峰值由于统计波动而产生的概率变成了十万分之一。

然后轮到四个轻子中的希格斯粒子，一个意大利女孩展示了结果。同样，在 2012 年，125 GeV 这一区域也发生了一些事件，而我们在 2011 年的记录是过量的。但是现在单是这个通道的波动概率已经变成了万分之一。没有必要再添加任何内容。我们现在都知道，将三种主要分析的结果结合在一起，这种可能性将大大降低到百万分之一以下：我们已经达到了可以宣布这一发现的信心水平。

结果传达给了罗尔夫和塞尔吉奥。还有无数的检查和控制需要完成，最重要的是，我们需要看看超环面仪器项目有什么结果，我们紧凑渺子线圈项目的结果已确定。

6 月中旬的那个星期五之后，就没有人再说话了，没过多久就能弄清楚到底发生了什么。紧凑渺子线圈项目的人员在欧洲核子研究组织的自助餐厅里转悠，眼睛闪闪发光，笑容灿烂，幽默十足。来自超环面仪器的信息更具争议性。走廊里聚集的谣言告诉我们，在两个光子中存在强烈的希格斯信号，但超过一半的统计数据表示在四个轻子中发生的事件仍然太少。这个非常重要的通道并没有带来预期的结果，而超环面仪器项目担心紧凑渺子线圈有能力宣布这一发现，但他们只能证实这一发现，这显示出一个更加微弱和不那么令人信服的信号。在紧凑渺子线圈项目中，在参加国际高能物理会议之前，他们强迫自己在一个特别研讨会上演示数据，就像去年 12 月那样。超环面仪器项目犹豫了，放慢了速度。最终，罗尔夫在 6 月 22 日确定了研讨会的日期。即使是欧洲核子研究委员会也坚持认为，在前往墨尔本之前，这些数据必须向公众公布。已经确定，7 月 4 日是最后一个可以下午离开并在第二天到达澳大利亚的有效日期。研讨会特意安排在上午 9 点，以便出席首届会议的人士可以现场观看。

仍有不确定性：没有人，甚至紧凑渺子线圈，想要使用“发现”这个词。几天后，超环面仪器也松了一口气。通常情况下，统计数据开了一个糟糕的玩笑。分析完最后一部分的数据，期待了这么长时间，那些非常宝贵的事件终于出现了。一组不错的四轻子事件集中在 125 GeV 附近，这让实验重回正轨。事实上，他们的信号几乎比我们的更令人信服。超环面仪器在 6 月 25 日产生的各种通道的组合，显然超过了宣布这一发现的门槛：在合作会议会场外回响的欢呼声，是这一点最清楚的证明。毫无疑问，7 月 4 日的研讨会将被载入史册。

希格斯粒子独立日

2011 年 12 月 13 日的经历，让许多无法亲自参加研讨会的人感到痛心。这一次情况会更糟。从前一天晚上开始，就有人在一楼露宿，成为第二天早上第一批排队等待开门的人。7 月 4 日，一大早，我就去了礼堂。我很好奇在希格斯粒子独立日这一天会发生什么。

兆电子伏特加速器项目想给我们点打击，我有些窝火。几天前他们发表了一篇文章试图证明他们是第一个发现希格斯玻色子的人。读毕，我们明白它不包含任何重要的新闻。在寻找衰变成两个底夸克喷流的希格斯粒子的过程中，他们看到了大量影响整个 115 ~ 145

GeV 区域的事件，并且与该区域的一种新粒子相匹配。太容易了。他们从 12 月就知道我们有超过 125 GeV 的能量，他们知道欧洲核子研究组织最近几个月发生了什么，他们一直试图欺骗我们，直到最后。这是一种低调的策略，目的是将公众的注意力从今天将要发生的事情上移开，他们希望能进入赢家的行列。这个举动微不足道，不会留下任何痕迹，却激怒了许多人，我就是其中之一。

7 点 30 分，当我到达礼堂时，已经有几百人排起了令人震撼的、紧凑的队伍，他们分布在两层楼，横穿整个餐厅。只有一小部分人能进入礼堂。队伍几乎没动。我顺着队列爬上通往一楼的楼梯，那里的气氛就像在举办一场摇滚音乐会。我发现几十个来自紧凑渺子线圈项目的男孩和女孩，他们跟我打招呼，拦住我，跟我握手，或者跟我击掌。当我走上楼梯时，雷鸣般的掌声和礼堂里的尖叫声爆发出来。我环顾四周，因为我不知道这是为谁准备的。然后，看着那些年轻人的脸庞和微笑，我明白这是给我的。每个人都鼓掌，即使是超环面仪器项目的人，即使是排队的陌生人。

我感谢他们并向他们致意，这种出乎意料的致意让我感动，也让我无所适从。

这次每个人都被邀请了。卡洛·鲁比亚、卢西亚诺·马亚尼以及前欧洲核子研究组织前任总干事史蒂夫·迈尔斯和林·埃文斯。最重要的是，他们，1964 年的男孩们。弗朗索瓦·恩格勒一进屋我就拥抱了他，我们笑着，兴高采烈，但我还是忍不住：他戴的领带太难看了，而且与黑夹克和红条纹衬衫不协调。我困惑的目光并没有被忽视，弗朗索瓦向我解释说，点缀在它上面的那些巨大的彩色立方体是标准模型的粒子。这条领带是赫拉尔杜斯·霍夫特送给他的，霍夫特亲自设计了这条领带。他向霍夫特保证，如果他们发现了他所谓的“标准模型的标量”，他就会戴上这条领带。

当彼得·希格斯入场时，礼堂里已经挤满了人，掌声如雷，尖叫声和嘈杂声似乎永远不会停息。彼得满脸通红地坐在自己的位置上，害羞地微笑着，挥手向那些热情欢迎他的男孩们问好。

这次是紧凑渺子线圈项目优先。乔·因坎德拉用了几十张幻灯片，详细说明了仔细准备分析的所有细节工作，但他并没有决定展示结果。紧凑渺子线圈的时间应该已经结束了，到处都是一些轻微的嗡嗡声，但没有人敢打断。你必须等到第 43 张幻灯片才能看到希格斯粒子产生两个光子。12 月的轻微波动已经成为无可争辩的过量，即使用肉眼你也可以看到在 125 GeV 区域发生了一些事件。当乔展示希格斯粒子衰变为 4 个轻子的结果时，整个会场一片寂静。然后，他继续讲到希格斯通道转变为两个 W 玻色子。当他显示出这些通道组合后，紧凑渺子线圈信号超过了 5 西格玛（说出“发现”这个单词必须超过 5 西格玛的标准），现场响起了雷鸣般的掌声。每个人都笑了，包括乔在内，他现在明显地从一直紧张的情绪中解脱出来。演示还没结束，但是每个人都听到他们想听的。乔并没有说出“发现”这个词，但结果的意思很清楚。他结束演讲时，研讨会现场掌声热烈，令人信服。

现在我们来听听法比奥拉的演讲，她已经登上了讲台。她用的时间较短，大约 20 分钟后，她已经完成了介绍部分，并立即展示结果。她也从两个光子开始，展示了一个明确的信号，信号如此强烈，以至于它几乎可以自己说出人们想说的话：我们已经发现了它。即使在最后的 4 个轻子衰变中，超环面仪器的信号也和紧凑渺子线圈一样强大和令人信服。再花几分钟来解释两个 W 玻色子中的过量部分，我们得出结论：在组合中，信号超过了 5 个西格玛。演讲还没结束，掌声就响了起来，愈发热烈，年轻人像是在球场上呐喊尖叫，每个人都站了起来。

现在，人们的目光转向了礼堂右边的那个区域，弗朗索瓦・恩格勒和彼得・希格斯坐在那里，彼此相距不远。两人显然颇受感动，彼得不得不用手帕擦去几滴眼泪。弗朗索瓦会在几分钟后说，他想起了罗伯特・布劳特，和他一起冒险的伙伴。布劳特在 2011 年去世，甚至没能有机会知道自己是正确的。

彼得不愿解释为什么他被感动了，大家都以为是喜极而泣。而我确信，在那一刻，他想到了乔迪，他深爱的前妻，想到了他为现在在这里必须付出的代价。

在演示的最后，他开始发言，最终说出了大家都在等待的一句话：

“我想我们做到了。你们同意吗？我们发现了一种新粒子，它的特征与希格斯玻色子的预测一致。”

20 多年来，我们为实现梦想而奋斗，经历了风风雨雨。然后，就在我们似乎又要失败的时候，在最绝望的时刻，发生了一件事：我们开始看到非常特殊的事件，第一个线索出现了。最后，事情以意想不到的速度发展，几个月后，一切都变了。

自从第一个微弱的迹象出现以来，已经过去了 7 个多月，现在全世界都在庆祝这个新的伟大发现。这对我们来说仍然不真实，一切都发生得如此之快，以至于我们很难说服自己这是真的。这一发现标志着一个影响深远的分水岭：一切都将改变。物理学已经发生了深刻的、永远的变化，但朝着哪个方向呢？

8

宇宙的秘密

圣母玛利亚和暗物质

韦尔代洛（贝加莫），2012 年 10 月 29 日

在贝加莫附近的乡村，达尔米恩工厂附近，城市的混乱令人恐惧。高速公路、购物中心、工业仓库和旧住宅区在一片混乱中交替重叠：似乎地方管理者正在竞争谁能在自己的地盘上集中更多的丑陋事物。在这种反常的纠缠中，不仅人类会迷路，连卫星导航仪也会抓狂。谁愿意不惜一切代价说服你向右拐，那里没有路，只有一条满是脏水的运河。

经过几次尝试和几次迂回之后，我终于到达了我一直在寻找的农场——Cascina Germoglio 农场。突然之间，一切都变得美丽而整洁。感觉就像走进了迪士尼电影里的农场。修剪整齐的草地和小树林，牧人的牛群。这边的篱笆里是母鸡和兔子，另一边篱笆后面是马匹。甚至有一种训练有素的猎鹰能在我们头上回旋。当它欢迎我

们的时候，皮耶罗·卢基尼用一声变调的口哨叫它回来，让我们欣赏这只猛禽迅速地落在他用皮带保护着的左臂上。Germoglio 是一个治疗和康复精神障碍患者的社区，由皮耶罗领导。贝加莫的每个人都认识他们。他们建立了护理设施，用护理之家来接待不太严重的病人，还有这个农场，他雇用了几十个人来照顾动物和在地里干活。这家农场生产葡萄酒、冷切肉和奶酪，都是纯粹的有机食品。你可以在附近的餐厅品尝，那里有当地最好的卡松切利意大利面。还有一个意大利独有的剧场，由专业演员、接受治疗的病人和训练有素的马匹共同表演具有强烈情感冲击力的作品。

在意大利管理社区和在千难万难中行动需要很大的勇气。卡西纳·格尔莫里奥得到了机构的支持，但农场的生存和发展也要感谢私人支持者和教会的帮助。皮耶罗·卢基尼是一个硬汉，他并不缺乏贝加莫地区众所周知的勇气和决心。在跟随加里波第的 1089 支红衫军中，有 160 支来自贝加莫，这并非巧合：他们是性情中人，大部分是工人、面包师和鞋匠，还有一些律师和理发师。皮埃罗曾经告诉我："每个人都知道 Germoglio 农场里有疯子，但很少有人知道最疯狂的是我。"事实上，要把一群病人带到曼图亚，或者骑自行车出发，在一周的旅行和无尽的冒险之后，去罗马接受教皇的接见，这需要一剂让人疯狂的猛药。

几个月前，当皮耶罗、一群工作人员和病人来到欧洲核子研究组织时，我答应一定要去看他们。这是一次特殊的访问，他们在欧洲核子研究组织面前睁大眼睛，问了很多问题，并在离开之前对我发出邀请："如果您能和我们在 Germoglio 农场继续讨论就好了。"我想了很长时间，终于下定了决心拜访他们。我和每天为自己而战的人相处得很融洽。

参观完农场后，我会见了病人和工作人员。他们用关于希格斯玻色子、宇宙起源和命运的问题轰炸我。我们在大厅里坐成一圈。我从那些苦难的表情中看出了好奇和感激。当他们想和我合影的时候，我就会很自然地把我的胳膊搭在身边人的肩膀上，他们是两个 20 出头的男孩。我的手能感觉到他们因激动而颤抖。在讨论结束时，一位没有问问题，但仔细听了讨论的病人走近我，低声问我，这样其他人就听不见了："你们这些科学家看到的是周围的暗物质，别人看不到……人们却相信它。另一方面，我偶尔也会和我们的女士说话。为什么没人相信我？"

这真的是希格斯玻色子吗？

新粒子的发现在全球引起了轰动，没有一份报纸不谈论此事，超环面仪器项目和紧凑渺子线圈项目发表的文章立即累积了数百条引用。在所有这些喧嚣的庇护下，欧洲核子研究组织的检查和验证工作仍在继续。一种新的玻色子被发现了，但我们真的确定是它吗？这一发现的官方声明仍然保持着非常谨慎的语气：它提到了一种希格斯型玻色子，也就是说，它与希格斯玻色子非常相似。谨慎是完全有道理的。像所有的玻色子一样，希格斯玻色子也有整数自旋。但是这个粒子的一个基本特征是它的自旋为 0，也就是说，它是一个标量粒子。根据截至 2012 年 7 月收集的数据，我们还无法衡量这种旋转，我们必须保持谨慎。如果我们发现了自旋 1 或 2，我们就会遇到一个冒充者，它看起来像希格斯玻色子，但实际上不是。在我们确定这一点之前，我们不能给出任何明确的说法。

接下来是潜在异常的问题。发现的主要是玻色子衰变通道，超环面仪器和紧凑渺子线圈都没有展示出令人信服的新粒子分解为底夸克或陶轻子的迹象。这里出现了其他问题。我们没有看到这些事件，是因为我们还没有足够的灵敏度，或者是赋予费米子质量的机制不同于布劳特 - 恩格勒 - 希格斯所预测的那样？在这种情况下，我们应该考虑发现了一种粒子，而不是标准模型预测的希格斯粒子的假设。

最后，大多数专家注意到，两个实验都记录了，在两个光子的衰变通道中，发生的事件比预期的要多 50%。像往常一样，这种异常可能是简单的统计随机现象，它随着新数据的积累注定会消失。这种类型的衰变是一种特殊的保护，因为它对新物理的存在非常敏感。如果周围有我们尚未发现的大质量粒子，它们的存在可能会间接地显现出来，从而改变这一过程。

这一切都让许多人感到不安，有两位年长的绅士尤其如此：他们的名字是彼得 · 希格斯和弗朗索瓦 · 恩格勒。这两人很清楚，他们等待多年的来自斯德哥尔摩的电话，将只会在超环面仪器项目和紧凑渺子线圈项目消除顾虑并且正式宣告之后，正如现在不停涌现的文章和官方新闻稿。他们在 1964 年的直觉只有在正确的情况下才能得到回报，也就是说，如果 2012 年发现的粒子具有标准模型希格斯玻色子的所有特征。

全年，大型强子对撞机持续高效地产生碰撞，最终超过 20 fb-1。现在有足够的数据来验证所有这些潜在的异常现象。由于数据是上一轮的四倍多，这一信号得到增强并变得越来越清晰。现在，即使是在只包含少量事件的通道，也足够进行更详细的研究并寻找任何异常现象。

首先，我们关注旋转。这种机制很简单，在过去已经使用了好几次。为了测量不稳定粒子（如希格斯玻色子）的这种特性，需要测量其衰变产物的角分布。来自母粒子衰变的电子、μ 子和光子，按特征模态分布在空间中。根据母粒子的自旋是 0、1 还是 2，它们的分布有很大的不同。结果呢？在所有的假设中，这个新粒子实际上是布劳特 - 恩格勒 - 希格斯所假设的标量，这是迄今为止最可信的假设。

更复杂的是收集希格斯在底夸克或陶轻子中的衰变信号。有必要利用所有可用的数据，并进一步提高分析的敏感性，以便在这些“重要的衰变”中看到第一个微弱的迹象。希格斯玻色子必须与夸克和轻子耦合以获得质量，所以它也必须衰变成这些轻粒子。如果这种情况没有发生，一颗真正的炸弹就会爆炸，因为我们应该假定，除了赋予最轻基本粒子质量的希格斯玻色子之外，还有其他东西。这将是迄今为止所设想的标准模式的崩溃。

最终，最初的疑虑消失了。有了完整的统计数据，超环面仪器和紧凑渺子线圈都清楚地表明，希格斯粒子与夸克和轻子的耦合没有异常。这张图表总结的结果，令人震撼地再现了与各种粒子质量成比例的耦合，而这是在 1964 年就提出的假设。

然而，还有一些让人紧张的问题，这些问题相当尴尬，只有经过数月的疯狂工作才能得到解决。整个 2012 年，超环面仪器项目的工作人员都在质疑质量的测量。在标准模型中，希格斯玻色子的质量是迄今为止最重要的参数，是唯一不是由理论决定的参数，必须以尽可能高的精度来测量。为了做到这一点，我们使用了两种最清晰的衰变，这两种衰变产生了最佳的分辨率：一种是两个光子中的衰变，另一种是两个 Z 玻色子中的衰变 —— 衰变成四个轻子。这是两个独立的衡量标准，应该会得出相似的结果。这就是紧凑渺子线圈的结果，而超环面仪器得到了两个不同的结果。这是可能发生的，但观测到的两个光子衰减值与四个轻子衰减值之间的大于 3GeV 的差异似乎太大了。虽然在超环面仪器项目中我们很难找到解释，但一些理论家开始假设，在现实中，希格斯玻色子的“双重态”已经被发现：一对具有相似质量的粒子，与标准模型的规定没有任何关系。最后，经过数月的校核和无数次的分析，两个值的差值降低到 2.5 GeV —— 一个更符合实验误差的值。终于尘埃落定了。

就在超环面仪器项目努力测量希格斯粒子质量的几个月里，紧凑渺子线圈项目因衰变为两个光子的情况经历了一段瓶颈期。再加上，数据显示希格斯粒子存在的信号存减弱了，就好像在新一轮的测试中，这个在 2011 年和 2012 年备受瞩目的清晰信号已不复存在。

在最初的困惑之后，我们的反应是有条理的。我们再次检查了所有可能的错误原因。例如，在夏天，加速器进一步增加了堆积的条件，因为我们做了很多改变，我们可能已经错过了希格斯事件的很大一部分。一切从头开始，从头开始，从头开始。最后，经过八个月的焦虑和仔细的测试，我们得出了最简单的结论：没有异常，只是统计上的波动。在前 10 个 fb-1（即直到 2012 年中期），我们记录了一个正波动，即希格斯玻色子比预期的更多；而接下来的 10 个 fb-1（2012 年底）出现了负波动，信号变弱。总的来说，结果正是标准模型所预测的那样。所有那些认为新物理学的第一个迹象隐藏在双光子衰变中的希望都必须暂时放弃。

2013 年年初，当我们确定地宣布这个新粒子是一个标量，在各个方面都与希格斯玻色子相似时，最高兴的是两位年长的同事，他们惴惴不安地跟踪着这些进一步分析的所有阶段。现在再没有疑问了：他们见证了我们是对的。

优雅的礼服年

诺贝尔奖的颁奖过程相当复杂，但效果非常好。获奖者的宣布通常在 10 月的第二周举行，而颁奖仪式则在一个固定的日期：12 月 10 日，即阿尔弗雷德·诺贝尔的逝世周年纪念日，在斯德哥尔摩举行。

分配机制早在一年前就开始运作了，那时开始收集候选人的名字。每年秋天，不定量的国际知名科学家（通常为 1 000 人）会收到瑞典皇家科学院的一封信。信中还包括一份邀请函，在次年 1 月底前注明一个或多个申请人的姓名和说明。从次年 2 月开始，一个特别委员会正在起草第一个非常大的名单，以提取出一些候选人的名单。这个问题由该学会指定的一组科学家来处理，在他们的决定中，与前几年的诺贝尔奖得主进行的磋商也有重要的影响。最佳候选人的决选名单将于次年夏天出炉。然后开始第二轮保密磋商，从中获得进一步的资料，尤其是可能的否决权。在会议结束时，委员会在正式会议前通报了其方向。现在是 10 月初，从理论上讲，即使这从未发生过，科学院也可能不会接受委员会的建议。无论如何，最后决定将在全体会议上讨论并在不久之后宣布。

诺贝尔委员会的谨慎是众所周知的：没有经过验证的结果不会发布，没有经过实验验证的理论也不会发布。这就是为什么彼得·希格斯和弗朗索瓦·恩格勒要等这么久。但今年，每个人都希望这是他们的时刻。很明显，他们的名字都在最受欢迎的候选人名单上，但比赛会一直持续到最后一刻。首先，获奖领域之间有一种非正式的轮换：粒子物理学、天体物理学和固体物理学，有时还会涉及其他研究领域。那么总要考虑的是，赢家最多可以有三名。事实上，阿尔弗雷德·诺贝尔的遗嘱中提到要将诺贝尔奖授予在物理学领域做出最重要发现或发明的人，但随着时间的推移，这一规则被修改为授予三个人。因此，在那些研究对称性或电弱断裂机制的理论家中，除了希格斯和恩格勒，还有其他理论家的一席之地。

有人大胆宣称委员会可以把第三枚奖章授予欧洲核子研究组织。我们应该打破一个多世纪以来的传统。最终规则已经被改变过一次，而且还可能再次发生。研究机构在不断发展，迟早也会出现这样的情况：即使是瑞典皇家科学院也会认识到，当研究成果来自数千人的合作成果时，将奖项颁给个人科学家变得越来越困难。鉴于超环面仪器和紧凑渺子线圈两个项目在大型强子对撞机项目中的出色表现，所以这可能是正确的时机。那么，为什么不奖励能够组织和协调这一巨大努力的国际组织呢？

欧洲核子研究组织的许多人支持这一观点，有些人甚至对瑞典皇家科学院最知名的成员施加某种形式的政治压力。这些都是相当笨拙的操作，可能会适得其反，不过它们注定会产生某种预期。

2013 年 10 月 8 日是星期二，我们都在等待。宣布时间定于上午 11 点，届时将有数百人聚集在实验室各个区域设置的屏幕前。男孩们一如既往地开玩笑说：他们得到了一些巧克力制成的诺贝尔奖章，他们把一块奖章挂在我脖子上，和我合影留念。奇怪的是，这一宣布被推迟了，而且已经有谣言流传，关于第三枚奖章的争议正在进行中：有人提议将它分配给欧洲核子研究组织，而且大话已经传开了。最后，发言人走进房间，让所有人安静下来：获奖者是彼得·希格斯和弗朗索瓦·恩格勒。走廊里回荡着欢快的欢呼声，人们打开起泡酒的瓶塞，跳着舞庆祝。这一宣布并不令我感到意外：我就知道结局会是这样。相反，当发言人宣布动机时，我的情绪出现了："该理论已经被欧洲核子研究组织的两个项目组紧凑渺子线圈和超环面仪器的最新发现所证实。”当我听到我们实验组的名称时，我明白我们所做的已经创造了历史。

第二天，我接到了弗朗索瓦·恩格勒的电话，他不给我时间恭维他：“你还记得我们的打赌吗？”

“做好准备。让我们一起去斯德哥尔摩吧。”因此，对我们来说，这成了优雅礼服之年。在欧洲核子研究组织和比萨，他们取笑我，因为我时不时地穿着正式的礼服出现在报纸或电视上，比大家通常看到的牛仔裤要优雅得多。我们从 2012 年 9 月的蓝色套装开始，当时的共和国总统乔治·纳波利塔诺邀请塞尔吉奥·贝托鲁奇、法比奥拉和我到奎里纳尔宫，给我们颁发一个荣誉奖章，并在电视上对意大利所有学校的孩子们公开讲话。

2013 年 4 月，当我们在日内瓦获得基础物理学奖时，我们需要变得更加优雅。仪式包括男士的燕尾服和女士的长裙。该奖项是世界上最重要的奖项之一，由于发现了希格斯玻色子，该奖项授予了七人，媒体将我们重新命名为“伟大七杰”。林恩·埃文斯、吉姆·维尔迪、法比奥拉·贾诺蒂、乔·因坎德拉、彼得·詹尼、米歇尔·德拉·内格拉和我分享 300 万美元奖金，这是对物理学充满热情的俄罗斯亿万富翁尤里·米尔纳，决定每年颁发给那些为基础知识的进步做出贡献的科学家们的基金。当宣布获奖的电话打来时，每个人都想到了一个笑话。我是在东京巡回演讲时接到的电话。当时我在一家日式传统餐馆吃饭，那种你双腿跪坐吃饭的餐馆。为了不被打扰，我准备离开餐馆，起身花了好一会儿工夫。

欧洲核子研究组织打电话告诉我这个消息时，乔·因坎德拉笑得很开心。现在我们在这里，在日内瓦会议中心。与奥斯卡奖得主摩根·弗里曼一起，他也将出席今晚的仪式。颁奖典礼还包括对著名的剑桥科学家史蒂芬·霍金的表彰，他多年来一直在与可怕的疾病做斗争。在颁奖典礼之前，在贝尔格日内瓦酒店会有一场晚宴。坐在我旁边的是弗里曼，他是我最喜欢的演员之一。我发现，除了其他事情之外，他对物理学有一种真正的好奇心，我们寒暄了几句之后，花了几个小时讨论暴胀、多重宇宙和额外维度。

最后，我们发现自己站在500位宾客面前，身穿红色长裙的法比奥拉与身着黑色和白色燕尾服的6位男士形成了鲜明对比。我们一个接一个地认出了为我们鼓掌的人的面孔。有很多来自这两个实验项目的年轻人，他们工作在希格斯粒子分析的前沿。还有许多早期的朋友，超环面仪器和紧凑渺子线圈的先驱，以及许多建造和运行大型强子对撞机的物理学家和工程师。唯一遗憾的是史蒂夫·迈尔斯没有入选。由于一个难以理解的原因，颁发该奖项的委员会认为他不值得认可。就我个人而言，我认为这是极大的不公正。

12月10日在斯德哥尔摩，优雅达到了顶峰，我们必须穿着燕尾服参加诺贝尔颁奖典礼，并与瑞典国王共享晚宴。

最后，尽管我在颁奖典礼前夕很焦虑，但汉斯·奥尔德的裁缝工艺很好，燕尾服完美地贴合我的身材，我终于可以松一口气了。我、吉姆·维尔迪、彼得·詹尼和乔·因坎德拉打扮得像企鹅，我们都笑了。我们心情很好，在这里为这两位朝气蓬勃的伙计庆祝。他们现在的兴奋之情溢于言表。就连平时沉默寡言的彼得，也成了一名健谈者。宴会上轮到他发言了，他讲得很好。在典礼结束的时候，他在各个大厅之间轻松地闲逛，说着玩笑话，拍拍别人的后背：一个真正的蜕变。我们一起拍了合照，我在他和弗朗索瓦中间，三人都有点醉意，这是我对那个难忘的夜晚最珍贵的回忆之一。

宇宙的起源

希格斯玻色子的发现是科学史上的一个里程碑。现在我们可以真正地重现大爆炸后几分钟发生的事情，那时希格斯标量场将自己安置在整个宇宙中，占据所有地方，直至最遥远的角落。仅仅过了十亿分之一秒，一些事情发生了，它将决定这个物体的命运，在接下来的数十亿年里，它仍然在发光。

就在那一刻，无数希格斯玻色子在凝聚，在一个无所不在的场中永远地结晶：希格斯场。在那一刻之前，希格斯玻色子还在以光速运动。在此之前，电磁力一直与弱力齐头并进，与弱力截然不同。对于不与希格斯场相互作用的光子来说，一切都和以前一样。另一方面，W 玻色子和 Z 玻色子仍然被包围在场的网状结构中，质量如此之大，以至于它们无法将微弱的相互作用传播到最微小的亚核距离之外。最后，即使是基本粒子也因与场的相互作用而不同，从而获得了不同的质量。

转眼间，一切都永远改变了。由于这种微妙的机制，物质获得了我们所熟悉的特性。电子所获得的特定质量将允许它们稳定地围绕原子核运行，这样就可以形成原子和分子。正是这一机制，产生了巨大的气体星云，最初的恒星和星系由此诞生，行星、太阳系直到第一个生命有机体，逐渐变得越来越复杂，最后轮到我们。如果没有弱电真空，没有这个薄薄的支架支撑着我们称之为宇宙的巨大物质结构，这一切都不可能发生。

如果服务了数十亿年的希格斯玻色子，在任何一个给定的日期如“明天早上 5 点 45 分或在 20 亿年后”突然疲倦或摆摆手臂罢工，整个宇宙将消失在一个巨大的能量泡中。

随着希格斯玻色子的发现，我们庆祝科学的又一次成功。今天，我们可以说我们开始了解导致电弱对称性破缺的机制。这是标准模型的又一次胜利，也是一个充满问题的胜利。

事实上，我们已经知道，迟早我们会发现一个更普遍的理论，它将在更大的能量尺度上解释物质，并将标准模型作为一个特例。我们知道，我们的许多确定性将在比迄今为止探索的更高能量下崩溃。标准模型将会被打破，新的相互作用或新的粒子将会被发现，这些将会揭示一些仍然悬而未决的重大问题：暴胀、引力的统一、暗能量。

这一切将在多大的能量范围内发生？

多年来，科学界一直在思考这个问题，希格斯玻色子的发现让这个问题重新焕发了活力。我们正处于一场科学革命之中，这场革命的轮廓也许只有在几十年后才会变得更加清晰。

希格斯玻色子和新物理学

希格斯玻色子与其他粒子不同。由于它给所有的粒子提供质量，它会与已知的粒子和尚未被发现的粒子相互作用。新发现的希格斯粒子因此成为一种新的调查工具。这就好像我们有一个超灵敏的天线可用，它可以为我们提供有关世界上我们完全看不见的地方的线索。它甚至可以接收隐藏在宇宙黑暗面中微弱但可察觉的信号。

一旦发现的喜悦过去，把这些优雅的礼服放回衣橱，我们就会立刻回去工作，试图回答一系列的问题。首先，我们发现的粒子真的像标准模型预测的那样是单独存在的吗？还是像超对称性预测的那样，它身边还有其他四个朋友？

在超对称性的名义下，实际上存在着一系列非常不同的理论，所有这些理论都被一个假设统一起来，即存在一种特殊的关系，将一个自旋分数的费米子与每个自旋整数的玻色子联系起来。突然间，超对称性将所有已知粒子乘以 2。每一个都有一个自转相差 1/2 的超级伙伴。

在标准模型中，费米子是构成物质的粒子，而那些携带相互作用的粒子是玻色子。在这个世界上与超对称性相反的情况发生了：物质粒子具有整数自旋，而那些携带相互作用的是费米子。

在大爆炸之后，这种对称性必须是完美无缺的，然后它一定在宇宙演化的早期阶段就自发地破裂了，所以我们周围只剩下普通物质。所有超对称粒子显然都消失了，唯一可能的例外是中性微子或其他中性的、稳定的、质量很大的粒子，它们的相互作用很弱，这可以解释暗物质。我们周围没有超物质粒子，可以用超对称粒子比已知粒子重得多的事实来解释。但目前还不清楚它到底重多少。它们可能有数百个 GeV，或几个 TeV，甚至几十个 TeV。

因此，如果超对称性理论被接受，人们马上就会发现至少有一个暗物质的自然候选者，即中性微子。不仅如此：超对称粒子的存在似乎也允许将所有已知的力（除了引力）结合在一个单一的超力中，这种超力在宇宙早期阶段（甚至在希格斯场凝结之前）就主宰了宇宙。不用说，这将是一个全新的宇宙观。

除此之外，Susy 项目还预测希格斯玻色子有更多类型，可以形成一个真正的玻色子家族。较轻的质量应该不超过 130 GeV，与标准模型预测的希格斯粒子相似，也就是我们在大型强子对撞机中观测到的那种。我们的发现排除了许多超对称模型，这些模型更倾向于 100 ~ 120 GeV 之间较轻的希格斯粒子。许多人在假设一个质量接近 125 GeV 的粒子幸存了下来。为了证明我们观测到的玻色子实际上是一种超级希格斯玻色子，我们要么发现组成这个玻色子家族的其他同胞之一，要么在它与其他粒子的相互作用中发现一些异常。

事实上，从量子力学的角度来看，像我们发现的希格斯这样的轻质标量粒子是一种非常奇怪的物质。由于希格斯粒子最好与较重的粒子相互作用，所以它与顶夸克有一种特殊的关系。因此，我们必须把它想象成被云团覆盖，这在理论上会显著改变它的质量。更准确地说，量子修正会以一种不受控制的方式把它压下去，把它的质量推向荒谬的值，远远高于我们测量的 125 GeV。如果这种情况没有发生，要么是存在一种未知的机制——一种临时建立的机制——以保护它，要么是每种导致它变重的因素，都有另一种因素导致它变轻，并且比例完全相同。如果超对称性理论成立，后一种可能性就会出现。事实上，从费米子和玻色子的角度来说，量子修正对质量的贡献是相反的，因此对于每个正的贡献，要归功于顶夸克，而每一个负的贡献，都要归因于超顶夸克。也就是说，在任何时候，包围希格斯粒子的粒子团都倾向于增加它的质量，而超粒子团则倾向于减少它的质量，这样两种现象就能完美地互相抵消，玻色子就能保持轻质。

简而言之，超对称粒子的存在可以很自然地解释为什么希格斯玻色子如此“轻”，也正因为这个原因，Susy 项目一直为之着迷。然而，要使这种巧妙的机制起作用，超顶夸克的质量不应该比顶夸克的质量大太多，约为 173 GeV。问题就出现了，因为如果超粒子这么轻，我们就得制造大量超粒子了。然而，迄今为止的研究都没有给出任何结果，而且我们已经知道，如果存在超粒子，其质量一定大于 400 ~ 500 GeV。

现在我们说到了关键点。超对称性理论自称是一种奇妙的理论，能够一下子解决一些现代物理学中最深奥的问题（暗物质、大统一理论、希格斯玻色子之谜），但它有一个缺点：到目前为止，它没有验证该理论预测的许多粒子中的任何一种。超环面仪器和紧凑渺子线圈进行了数百项独立研究，但没有任何新发现。每一次，我们都只是成功地为超对称粒子的质量设定新的下限。

如果存在超对称性粒子，那么它的粒子一定非常重，而且由于目前还没有它们的踪迹，有些人开始认为是时候放弃这个美丽的猜想了。现在这么做还为时过早，特别是在未来几年，我们将有机会系统地探索一个广阔的能源区域，在那里可能隐藏着许多惊喜。

因此，随着希格斯玻色子的发现，几个研究前沿同时打开了大门。

一方面，对超对称粒子的直接寻找还在继续。大型强子对撞机项目在 2015 年在 13 TeV 下恢复了运行，希望通过利用增加能量，能够产生那些在 7 ~ 8 TeV 的所有研究中都没有出现的大粒子。现在，还有一个进一步的限制，是由这个 125 GeV 的存在给出的。我们已经知道，如果你找不到比 2 TeV 更轻的超粒子，那么这个看似优雅、让 Susy 保持吸引力的机制就不再合理，至少在最普遍的情况下，Susy 会严重陷入危机。

与此同时，我们正在已经探索过希格斯粒子的区域寻找标准模型玻色子。目前所做的还不够，因为我们正在寻找具有非常不同特性的粒子。希格斯玻色子的兄弟超对称玻色子有独特的产生和衰变模式，因此必须争取非常具体的策略。由于粒子的体积越大，它们就越难以产生，也越难以找到，因此对数据的需求量也就越大。

与所有这些无关的是，对 125 GeV 的希格斯玻色子的研究仍在继续。标准模型能够非常准确地预测每一个特征。到目前为止，我们所看到的一切都与预测一致，但我们的准确性受到我们所能重建的少量玻色子的限制。对于许多衰变过程，我们测量的不确定性远远超过 10%。仍然有可能出现低于这个值的差异，而 Susy 预测的异常包括几个百分点的偏差。

近年来，在大型强子对撞机中，有可能选择数以万计的希格斯玻色子，来详细研究它们的所有特征。如果我们对这些异常现象进行哪怕是最小的测量，就会间接地得到新粒子存在的证据。我们将有科学证据证明新物理存在，我们也将知道在哪个能量区域寻找它。

这是我们的秘密希冀：新发现的希格斯玻色子可能是通向新物理的门户，而 2012 年发生的事情可能是长链中的第一个环节。

宇宙的终结

电弱真空在宇宙的演化中起着决定性的作用。现在我们已经精确地测量了希格斯粒子的质量，在理论中不再有任何自由参数，我们可以使用标准模型和我们对量子力学的所有了解来研究它的演化。自从我们宣布了玻色子的第一个证据以来，一些理论学家就开始问自己这样一个问题：一个 125 GeV 的希格斯粒子能告诉我们关于弱电真空的稳定性吗？

以这种方式表述，似乎是属于专家的一个问题，但它是一个每个人都感兴趣的问题，因为它与我们宇宙的命运有关。事实上，自发的对称性破缺在机制中起着决定性的作用，通过调节相互作用的博弈，赋予了我们周围的宇宙特定的形状。电弱真空有许多特征可以将弱力和电磁力区分开来，我们通过很多参数来研究这些特征，其中最重要的两个参数就是顶夸克和希格斯玻色子的质量：它们是标准模型中质量最大的粒子。了解了这些值之后，现在就可以计算出电弱真空如何表现为能量的函数了。通过这种方式，你可以试着了解它是如何在宇宙诞生的最初时刻自我存在的，或许还可以猜测它未来的进化。

已运行的计算相当简化了。他们假设标准模型在所有能级都是有效的，而我们知道这个假设可能是无效的。此外，他们没有考虑到引力的作用：这是一个强有力的假设，因为我们还没有理解，在更高的能量下，最神秘的相互作用会发生什么。然而，获得的结果非常有趣，并引发了激烈的争论，这一争论一直持续到今天。

利用顶夸克的质量和希格斯粒子的质量，可以构造出一种弱电真空状态图，即一种类似于用来定义流体（如水）物理状态的图形。事实上，我们知道，根据压强和温度的不同，水可以是液态、固态或气态。如果我们在正常的大气压条件下，在 0℃ 以下，水会结冰；在 0 ~ 100℃ 之间，水处于液态；高于 100℃，水会汽化蒸发。类似的情况也适用于电弱真空，它的状态可以作为顶夸克和希格斯粒子质量的函数来研究，这两个参数的作用类似于压力和温度对水的作用。

惊喜来了。根据这项研究，我们的宇宙在我们看来确实是一个非常特殊的宇宙。由于顶夸克和希格斯粒子的“非常特殊”的质量值，它将处于亚稳定平衡状态，也就是说，处于永久平衡区域和完全不稳定深渊之间的边界区域。

如果顶夸克和希格斯的质量稍有不同，弱电真空就会非常不稳定，并且不会有后续的演化：大爆炸时，在量子真空中打开的微观裂缝会立即再次闭合，一切甚至会在开始之前就结束了。然而，有了这些"非常特殊"的值，弱电真空能够形成并抵抗了数十亿年的时间，允许一切演化，直到我们人类出现。

然而，稳定并不是绝对的。如果在宇宙的某个地方，由于某种神秘的原因，产生了比大型强子对撞机中产生的能量高出10亿倍的能量，电弱真空就会崩溃。十有八九，局部撕裂不会持续。当在一个给定的区域，系统沉淀到一个新的平衡状态，所有储存在真空中的多余能量将以热量的形式释放出来，整个宇宙将消失在一个巨大的光球中。在宇宙的尽头，我们面临着两种状况。如果电弱真空能抵抗，暗能量就会把一切都清除，直到黑暗和寒冷主宰一切。相反，一场宇宙大灾难——真空结构的改变——可能会打断非常缓慢的、可怕的暗能量之舞，并允许我们逃离更迅猛、更壮观的场景。

然而，令人欣慰的是，就我们今天所知，这两种状况都不会出现。我们每个人仍然可以计划我们的暑假，或为平静的晚年做准备。宇宙很可能还有几十亿年相对平静的生命。

在这次讨论中，我觉得有趣的是弱电真空的亚稳态似乎决定了人类状况的不稳定性与整个宇宙的不稳定性之间的关系。就像我们脆弱的人类一样，脆弱的身体可以被一个愚蠢的异常DNA片段毁掉，或因摔下楼梯而伤亡。这在微观尺度上反映了影响一切的宇宙的不稳定性，甚至我们周围那些巨大建筑也一样脆弱，乍一看它们似乎是不朽的。

这些关于电弱真空稳定性的假说，引发了人们对多元宇宙理论的兴趣。如果我们接受这样一种观点，即我们的宇宙是众多不同宇宙的一部分，以完全随机的初始条件为特征，那么对我们来说，顶夸克和希格斯玻色子的质量值如此特殊也就不足为奇了。如果它们是不同的，宇宙就不会有时间进化，孕育出向自己提出这些问题的智能生命。

画面变得更简单和清晰了。想象一下，一个被蒙住眼睛的孩子，从一个旋转容器中抽取数字，就像曾经用于彩票抽奖的容器一样。每个数字都定义了一个给定宇宙的基本常数值。有无数个不幸的宇宙，它们的进化将非常短暂。还有一些相对更幸运的宇宙，它们可能会进化一段时间。还有一些非常幸运，它们可以像人类一样存活数十亿年。

为了回答这些问题，在大型强子对撞机继续运行的同时，我们有必要继续探索自然并建造新的加速器。质子对撞机被用于希格斯工厂，以精确地测量其所有特性。超高能质子对撞机用来探索电弱对称性破缺的细节，并寻找新的粒子和新的力。

通往未来物理学的竞赛已经开始了。

9

通往未来的一扇门

“这大概相当于我们最近花在国际米兰上的钱！”

UX5，塞西紧凑渺子线圈地下洞穴，2011年1月18日下午4点

到目前为止，我已经会见了几十位部长和国家元首。每当权威机构决定参观大型强子对撞机及其实验时，我们都要参与欧洲核子研究组织的接待服务。我们要欢迎P5的来访者，带领他们参观紧凑渺子线圈地下洞穴。这是一个属于发言人职责范围内的活动，但它耗费了很多时间。由于欧洲核子研究组织一直占据各大报纸的头版，贵宾们的访问开始以每周两到三次的令人担忧的节奏进行着。

我会见了比利时国王阿尔贝二世、联合国秘书长潘基文、欧盟委员会主席若泽·曼努埃尔·巴罗佐，以及包括乔治·纳波利塔诺在内的许多部长和国家元首。我和很多有趣的人交谈过，比如比尔·盖茨和埃隆·马斯克，后者发明了Paypal大挣一笔，现在用特斯拉制造电动汽车，用SpaceX制造火箭。我遇到了好奇的人，他们什么问题都问。我也不得不忍受一些只对摄影师的镜头或记者的采访感

兴趣的人物。我清清楚楚地记得有几个部长，他们瞪着呆滞的眼睛，什么也不做，只是瞥了一眼时钟，急切地希望访问能尽快结束。

今天有一位非常特别的嘉宾，卢西奥·罗西已经在路上奔波了一个月，以确保一切顺利进行：马克·特隆凯蒂·普罗维拉，倍耐力的首席执行官以及国际米兰的忠实球迷，也是球队董事会的一员，他即将来拜访我们。卢西奥和我从小就是国际米兰的球迷。那些年，国米没有对手，横扫千军。后来，意甲联赛时，冠军似乎已经稳落袋中，但国米在最后一分钟输掉了，在那漫长的黑暗时期，我们仍然忠诚于国米。

对于特隆凯蒂·普罗维拉的到访，卢西奥准备了一个特别的惊喜。他不想向任何人透露一星半点，也对我保密。当我们进入SM18，一个测试他所运行的磁铁的巨大棚子时，惊喜就出现在我们面前，我们都大笑起来。

大型强子对撞机的磁铁装在长15m、直径60cm的钢制圆柱体中，全部涂成了蓝色。卢西奥，为了这个场合，给它添加了一系列的黑色条纹，它现在看起来像穿着国米的球衣。一张我们三人在磁铁前微笑的照片定格下来。

这个小插曲创造了一种轻松的气氛，使这次访问非常愉快。特隆凯蒂·普罗维拉属于好奇的游客，我很乐意陪伴他。当我们进入紧凑渺子线圈洞穴时，他立即注意到数十个光纤柜，并想知道这数千个连接中发生了什么。我向他解释说，它们携带着探测器的信号，然后将这些信号数字化，发送到重建事件的计算机上。大型强子对撞机每秒 4 000 万次碰撞（每次碰撞的一般大小为 1 兆字节）的数据意味着，在这些电路中，循环着的信息量与环绕地球的信息量相当。就好像紧凑渺子线圈内部的数据交换突然间使人类通过电话、电脑、电视广播、电缆等方式交换的信息量增加了一倍。

下一个问题是不可避免的：所有这些费用是多少？当我提到紧凑渺子线圈 4.75 亿法郎的全球支出时，特隆凯蒂·普罗维拉的评论是："我本以为花销会更多。这大概是我们最近花在国际米兰上的钱。"在充分尊重足球和球迷的情况下，我真的认为这是一个非常奇怪的世界，当你花这么多钱来维持一支优秀的球队（有几十支这样的球队），却做不到用类似的投资，以了解大自然的奥秘并增进我们的知识。

研发费用

大型强子对撞机是极具说服力的加速器，其总成本估计为 60 亿瑞士法郎。世界各地的捐赠接踵而至，即使最大的资金份额来自管理欧洲核子研究组织的欧洲国家，建造这样复杂的设备也花了 20 年的时间。如果我们向地球上所有居民分摊成本，并考虑整个建设周期，可以说大型强子对撞机的成本是每个人花费 1 瑞士法郎，或者，如果你愿意，每年 5 美分。

物理学的能源成本很高，要建设其庞大的基础设施就必须花费数十亿欧元。这些重要的数字应该放在显微镜下观察，因为它们是来自纳税人的公共资金。我们永远不能忘记，我们的实验是由税收资助的，而税收很大程度上是由雇员和退休人员支付的。

不可避免的是，任何重大的科学投资都必须得到全面的详尽讨论。让我们问自己一些问题：真的有必要把所有这些资源都用于基础研究吗？希格斯玻色子的发现对我们的生活有什么影响？把这些钱投资到对抗疾病上不是更好吗？或是与世界饥饿做斗争？或是为了缓解气候变化？

这些都是反复出现的问题，在每次公开辩论中都会出现。要回答这个问题，首先有必要界定这一现象的规模。

任何拥有数千名员工的企业，如大学或大型医院，每年的预算在5亿到10亿欧元之间。欧洲核子研究组织也不例外，它拥有2 240名长期雇员和数千名联合研究人员，他们使用研究中心的基础设施，但由他们的大学和研究机构支付报酬。研究中心的年度预算约为9亿欧元。

每个国家每年都要花费数十亿欧元来维护和扩建其交通基础设施：1km的高速公路或铁路线要花费约2 000万欧元。在意大利，由于一系列的原因，成本高了很多。连接布雷西亚到贝加莫和米兰的62km高速公路花费了纳税人24亿欧元。尚未完工的罗马地铁C线全长26.5km，将耗资42亿欧元。

更不用说开发武器和军事装备的费用了。一架现代战斗机的成本在1.3亿美元的F35和200万美元的F22之间，而B2隐形轰炸机成本高达 12 亿美元。意大利有一个在未来 10 年购买 90 架 F35 战斗机的计划，总投资金额约为 140 亿欧元。一艘现代驱逐舰价值约 20 亿美元。最先进的型号是美国最近推出的朱姆沃尔特级隐形驱逐舰，售价 44 亿美元。如果建成三个项目，整个预算资金将达到 230 亿美元。

我们如果看看大型的科研项目，即那些有数千名科学家工作多年的项目（在规模和复杂性上与大型强子对撞机相似），其成本是相当的。例如，基因组计划从 1990 年开始，到 2003 年结束，重建了人类 DNA 的所有序列，耗资 47 亿美元。

为了探索宇宙最遥远的角落，美国国家航空航天局将在 2018 年把哈勃望远镜的继任者——一个巨大的新型太空望远镜送入轨道。这一技术瑰宝归功于宇航局局长詹姆斯・韦伯，他发起了阿波罗计划，预计耗资 80 亿美元。

更不用说国际空间站（ISS）了，我们也把卢卡・帕尔米塔诺和萨曼莎・克里斯托雷蒂等宇航员送到了空间站执行任务。轨道空间站的第一部分于 1998 年发射，该项目运行前 10 年的成本超过 1400 亿美元。

人类在雄心勃勃的科学研究项目上投入大量资金，像大型强子对撞机这样的项目只占全球新知识投资的一小部分，在全球每年产生的财富中更是微不足道。

如果我们只考虑在研发上投资最多的 5 个国家——美国、中国、日本、德国和韩国——它们每年在这一领域的支出超过 1 万亿美元。

这听起来是个惊人的数字，但仍然不到这些国家每年 35 万亿美元财富的 3%。

最后，要提出的正确问题是，研究结果是否证明了开展这些研究所需的投资水平是合理的？

基础研究的目的是提高我们对自然的理解，而这些目标往往以非常抽象的形式呈现：理解电弱对称性的自发破裂，寻找新的空间维度，理解膨胀的机制，等等。我们的目标越抽象，我们为实现目标所需要的工具就越具体。我们越想飞得高，就越要脚踏实地。

粒子物理学家不断经历着一种双重的过程：第一天，我们为讨论弱电真空的稳定性和宇宙的终结而争吵不休，这些都是接近哲学的问题；第二天，我们又在实验室里开发新材料，构想新的探测器，有时需要我们自己动手打造可能改变每个人未来的设备和技术原型。

过去已经发生过几次这种情况，将来还会发生。

基础研究和新技术

我们谁也没有想到，1989 年，在离我们几个办公室远的地方，蒂姆 · 伯纳斯 · 李所做的，竟然如此深刻地改变了世界。万维网的引入就是一个例子，这说明最重要的创新往往遵循意想不到的路径。欧洲核子研究组织没有人想发明万维网，连伯纳斯 · 李也从没想过。但这是一个需要解决的问题，因为大型正负电子对撞机的实验产生了大量不同类型的数据：报告、图表、照片和技术图纸。我们必须找到一种方法来组织它们，让数以千计的合作者可以使用它们。这就是正确的解决方案。一个人充满激情，想要验证他的想法是否可行，他的老板不太理解他在做什么，但老板还是让他去做，然后突然就成功了！ 世界永远地改变了。

第一个网页诞生于1991年8月6日，而今天网页数量已经有10亿个。最棒的是，这些网页都是免费的。有时这让我想到，如果每次一个网页被访问，就有一分钱转给欧洲核子研究组织，我们能进行多少个项目啊。但协议是明确的。我们的研究是由政府资助的，我们发现的一切都将免费向全世界开放。高能物理领域的发明和发现不会获得专利、利润和版税。世界向欧洲核子研究组织提供资金已经占了优势：即使抛开文化和科学层面，我们的活动本身的经济影响也远远超过了最初的投资。

网络的例子被引用最多，因为这直接关系到我们的日常。有很多技术是从基础物理中产生的，并且改变了我们的生活。1895年圣诞节的前几天，当德国的物理学家威廉·伦琴说服他的妻子安娜·贝莎时，他有些犹豫说出实话，他让妻子把左手放在一个周围满是奇怪的玻璃灯泡的盘子下摄影，并静站大约十五分钟，而这个设备丈夫已经摸索了好几个月。第一张X光片彻底改变了诊断和医学领域。

伦琴试图了解当电流在真空管的电极之间通过时会产生什么现象。他从来没有想过，他发明了一项挽救数百万人生命的技术。让我们试着想象一下，19世纪末，一个街上的路人会说什么："可是，这些弄不明白的研究究竟是为了什么呢？把这些资源投资治疗那些即将死于咳嗽的儿童不是更好吗？”

改变世界的发现遵循着一条不稳定和不可预测的路径。有时，最重要的技术几乎是由那些并不明确寻求这些技术的人无意识地开发出来的。一个想法往往要经过几十年的时间才能得到应用：就像一条喀斯特河流消失在地下洞穴中，在那里流了数千米，然后突然又完全重新出现。

在一切事物的基础上都存在着划时代的突破且颠覆参考范式的发现。有时候，一开始，没有人认为它们可以被利用。然后，也许几十年后，它们闯入了人们的日常生活。伦琴自己甚至没有想过，他的研究开启了一条通向计算机轴向断层扫描、超声、核磁共振的道路——没有这些创新，现代医学将不会存在。

经常会有这样的情况，一个发现引出了另一个发现，就像一个雪球带来的雪崩。X 射线使我们能够更好地了解原子核和恒星，并为我们提供了一种研究分子结构的方法，而这种结构是开发每一种新药和每一种新材料的基础。

一个刚毕业的、非常年轻的学生，威廉·劳伦斯·布拉格，发现了一个奇怪的现象，当伦琴的 X 射线照射小晶体时就会发生这种现象。他以自己的名字命名这种特殊衍射现象，这不仅使他成为史上最年轻的诺贝尔奖获得者（他去斯德哥尔摩领奖时只有 25 岁），而且使我们得以详细研究原子和分子的组成。他革新了化学、制药、材料科学、生物学和许多其他学科。

类似的论点也适用于激光。一开始，在实验室里研究激光时，它们被认为是没有任何实用价值的设备。谁能想到它们会如此有力地进入我们日常生活的方方面面？今天，有了激光，视觉障碍得到了治疗，堵塞动脉的血栓得到了疏通；可以听音乐，可以看电影；超市店员用激光告诉我们放在购物车里的商品的价格；一群暴徒在体育场试图利用激光棒干扰对方守门员；高功率的细激光束在工业上被用来刺穿陶瓷或金属板。

我们有充分的理由相信，这种无声的分子转移仍然在起作用。今天，许多为建造大型强子对撞机而开发的技术已经悄悄地进入了人们的日常生活。为了生产我们需要的磁铁，我们开发了性能非常高的超导电缆。同样的电缆也进入了新一代的核磁共振成像机中，从而使其变得更强大、更紧凑而且更便宜。随着成本和规模的减少，许多医院，特别是第三世界国家的医院，可以获得以前不对他们开放的诊断技术。

我们为大型强子对撞机开发的一些新型微型光学设备已经应用于电信市场，它们改善了产品性能，降低了成本。

为我们的量热计和跟踪器工业生产的新型晶体和硅探测器，被用于新开发的医疗诊断机器，可以产生更清晰的图像，并减少对患者的辐射剂量。

更不用说网格计算了。从一开始就很明显，即使是世界上最强大的超级计算机，也无法处理大型强子对撞机实验产生的大量数据。这里也有必要开发一种新技术，答案就是网格，一种绝对创新的计算基础设施。20 世纪 90 年代初，一个未来主义的提议出现了，起初很多人认为太过雄心勃勃。这个想法很简单：由于没有一个计算机中心有足够的内存来存储数据，也没有足够的计算能力来分析它们，于是有人提出了建立一个世界超级中心，由所有致力研究的主要数据中心组成。这就形成了一个由几十万台计算机组成的集群，这些计算机学会了像一台巨型计算机一样工作。数据分布在磁盘上有空闲空间的地方，当需要分析数据时，使用当时可用的处理器，无视其物理位置。

因此，一位年轻的印度研究员，想要对一类事件做一些分析，今天就可以打开他在加尔各答的笔记本电脑，访问网格并请求他感兴趣的数据，然后他启动他的分析程序，并查看生成的图表。他不知道，也不需要知道，数据一部分存储在芝加哥，一部分存储在博洛尼亚，分析这些数据的软件在中国台湾运行，最后的部分在德国运行，然后传输给印度。有了电网，计算能力就像电力一样：如果你需要电力，你不必购买后院的发电机，你也不在乎电力从哪里来，也不用知道哪些工厂在一天的不同时间或一年的不同时间运行。你插上电源，使用你需要的能源，然后付账单就完了。网格可以让你在计算上做同样的事情，它让每个人都可以使用超级计算机，甚至是那些没有大型基础设施的国家。通过这种方式，数以千计的用户可以并行执行操作，而且与安装无数本地计算中心所需的成本相比，成本更低。

像所有的创新想法一样，这消耗了 15 年的疯狂工作以开发新的架构，使其可靠和安全。有了网格，计算深刻地改变了它本身。计算资源变得更加强大和便宜，因此每个人都可以访问。大型强子对撞机网格的成功使得新架构能够输出到许多其他需要大量计算资源的研究领域，如气象学或流体动力学。网格解决方案的商业变体云计算，即“云”，已经成为一个重要的工具，使数百万用户能够更好地管理他们需要的计算资源。再一次，就像互联网一样，源于高能物理发明的工具正在改变我们脚下的世界。

我们用于研究的加速器是一个日渐壮大的家庭的先锋。目前世界上大约有 3 万个加速器，只有 260 个（不到 1%）用于基础研究。50% 用于医学，特别是用于放射治疗，治疗癌症患者，也用于生产诊断用的同位素和放射性药物；另外 41% 用于在硅和其他半导体中植入离子以制造电子芯片；剩下的 9% 用于工业生产。

没有物理学就不会有现代医学。没有加速器，就不会有让一切运转的小型电子设备：飞机、火车、汽车、机器、工具、我正在打字的电脑，以及离不开的智能手机。谁能告诉我们，即使是最新的发现，那些看起来非常抽象、与日常应用相隔甚远的发现，类似的后续不会发生呢?

当人们问我希格斯玻色子在日常生活中将有什么应用时，我回答说我不知道。我无法想象一束准直的希格斯玻色子能做什么，我也不知道这个新的标量场的工作原理会有什么用处。但我相信，迟早会有人嘲笑我的这番话，就像我们今天重新阅读 20 世纪 30 年代物理学家们关于反物质的辩论时露出微笑一样。当时的伟人，狄拉克、韦尔、安德森，没有一个能想象到，仅仅几十年后，那些被他们称为正电子的奇怪粒子，每天都会用于数百家医院的正电子发射断层扫描术（PET）。在世界各地，反物质不是被用来制造丹·布朗书中的恐怖炸弹，而是被用来诊断严重疾病或研究阿尔茨海默病患者大脑中的变化。

因此，我们有必要保持谨慎，并记住物理学家迈克尔·法拉第在回答英国财政大臣威廉·格莱斯顿的问题时所说的话："但你发现这个东西究竟是为了什么？""我不知道，但很可能你很快就会对它征税。"

未来的挑战：日本和中国

希格斯玻色子的发现引发了一场充满激情的科学辩论，也引发了与新一代加速器有关的重大政治策略，这些加速器将继承大型强子对撞机的成果。下一步，重复发现 W 和 Z 玻色子所采用的方案，建造一个大型电子加速器。正如建造大型正负电子对撞机是为了制造数百万个 Z 玻色子并精确测量它们的所有特性一样，现在我们想象一个机器，在这个机器里电子和正电子相互碰撞，对新的玻色子重复同样的操作。一个真正的希格斯粒子工厂，在理想的实验条件下产生数百万个希格斯粒子，并精确地研究它们的所有特性。

自 2011 年 12 月以来，日本一直有重新启动国际直线对撞机（ILC）的想法，这是一个已经讨论了多年的倡议，而 125GeV 玻色子的证据让这个过程变得非常有趣。既然已知希格斯粒子的质量，就可以很好地计算希格斯粒子产生的过程和可以使用的衰变模式。国际直线对撞机项目计划让加速的电子和正电子在直线轨道上碰撞。为了避免电子围绕圆形轨道运动的辐射问题，他们采用了一个激进的解决方案。两束电子和正电子在相反的方向加速发射，在配备探测器的相互作用区相互碰撞。

尽管这一概念很巧妙，但技术上的困难限制了性能，尤其是亮度。在线性加速器中，电子束和正电子束一旦交叉，就会被撞飞，给新的粒子束让路。虽然新的注入速度很快，但它不可能每秒产生一万到两万次碰撞。在圆形加速器中，光束可以在轨道上停留数小时，每秒穿越数十万次，直到它们失去强度并被替换为止。这样就有可能产生更多的碰撞。

为了弥补这一缺陷，线性对撞机将光束集中到最大，集中到极致，将相互作用区缩小到无穷小的值。这就造成了稳定性问题，因为每一个微小的扰动都可能导致亮度的损失。国际直线对撞机项目提议将两束电子和正电子集中在 5nm 的尺寸上，这个尺寸比大型正负电子对撞机的尺寸小 1 000 倍。让两个如此微小的光束正面碰撞会带来前所未有的位置控制问题。

国际直线对撞机的物理程序预测在 500 GeV 的质心碰撞，并假设之后达到 1 000 GeV。这些目标决定了加速器的长度，因为用于加速电子和正电子的谐振腔的性能受到了限制。今天，在工业规模上生产出的最好的超导谐振腔，能够产生每千米 24 GeV 的最大加速度。

目前正在开发国际直线对撞机的谐振腔，可达每千米 35 GeV。通过这种方式，将光束发射 15km，并配备数千个谐振腔，预计将达到 500 GeV。整个加速器，包括两束粒子正面碰撞的区域，将成为一个长度约 31km 的线性基础设施。

国际直线对撞机是一个由来自世界各地的研究小组参与的项目。日本已经表示愿意接收这台新机器，并在该国北部的北上山地划出一块区域。这是一段由白垩纪岩浆凝固而成的极其坚固的山脉，它经受住了灾难性的地震，比如最近摧毁福岛南部的地震。

实际上，在一个几乎一直有微震的地区安装如此精密的机器会让人们产生许多担忧。人们担心，在这些条件下，在如此小的光束之间产生高强度的碰撞是不可能的，但是日本人非常自信。真正的问题是现在没有一个国家，包括日本，承诺为所需的 80 亿美元费用提供大部分资金。即使是在立即做出决定并尽快获得资金的乐观假设下，也无法在 2019 年之前开始建设，在 2030 年前机器也无法运行。

中国立即对这一倡议做出了反应，中国计划大力进军高能物理领域，向世界展示了自己。

这个亚洲巨人提出了一个两阶段项目。建造一个 50km 的环，这将容纳一个 240 GeV 的正负电子对撞机（CEPC：环形正负电子对撞机），然后升级为一个能在质量中心产生 50 ~ 90 GeV 碰撞的质子加速器（SPPC：超级质子–质子对撞机）。

第一阶段允许对希格斯粒子进行精确研究。为了降低成本，电子和正电子在一个环内运行，这限制了可以注入的数据包的最大数量。因此，它的亮度并没有被推到最大，但仍然是线性对撞机的 2 ~ 3 倍，这使得环形正负电子对撞机在这类研究中是一个非常有竞争力的机器。所需要的技术并不是很先进，它是大型正负电子对撞机已经完成工作的一种发展，并且将利用近年来在加速谐振腔领域所取得的成果。该机器可以立即建造，秦皇岛地区已经被提议作为一个地点，它是一处靠近大海的山区，距离北京 300km，“被称为中国的托斯卡纳地区。”在中国挖掘一条 50 或 70km 长的隧道比在欧洲和美国成本少得多，而且，中国似乎有意愿承担其中的很大一部分成本。一个现实的估计：预计全球花费约 30 亿美元，建设时间为 6 ~ 8 年。如果环形正负电子对撞机建设工程在 2020 年开始，新的加速器将在 2028 年开始运行。

该项目的第二阶段，即超级质子 - 质子对撞机，更加不确定和复杂。与此同时，比大型强子对撞机更强大的磁铁必须进行工业规模生产，技术仍有待开发。超级质子 - 质子有两种选择：12 T 磁体，可达到 50 TeV，或 19 T 磁体，可达到 90 TeV。不管怎样，被发现的可能性都是巨大的。即使其潜力的充分开发受到最大亮度值（不会超过 LHC 的标称值）的限制，超级质子 - 质子将允许探索一个比大型强子对撞机大 4~7 倍的能量区域。有关必要技术的许多不确定性使得估算该项目的成本变得困难，而它的时间跨度可能超过 2035 年。

西方面临的风险：欧洲和美国

欧洲对加速器物理学未来的战略非常明确。首先，大型强子对撞机的全部发现潜力仍有待开发。事实上，新能源领域的探索刚刚开始。该加速器于2015年恢复运行，能量达到创纪录的13 TeV，预计在未来几年将积累大量数据，比发现希格斯粒子时的数据多几十倍。从现在到2025年，预计将达到300 fb-1的统计值。在未来两年内，大型强子对撞机有望达到100 fb-1，而关于TeV规模的新物理信号直接存在的第一个答案将会出现。

2018年必须被视为一个里程碑，到那时为止所获得的结果将决定未来的所有选择。如果我们已经收集到新物理学的证据，我们将设计其他加速器来详细研究粒子出现的能量区域。如果我们没有发现，一方面我们将加强精确测量，另一方面将有必要集中精力实现能量的飞跃。到那时，在技术和成本允许的情况下，我们有必要建造设想的最强大加速器，尽可能地推动探索的前沿。

当你屏住呼吸，惴惴不安地分析第一次13TeV数据时，改进机器和探测器的紧张工作已经开始了。目标是进一步提高亮度，并收集高达3000 fb-1的数据。这一阶段的超高亮度被称为高亮度大型强子对撞机，大致覆盖2025—2035年。因此，大型强子对撞机还有很长的一段路要走，无论是通过直接发现粒子，还是通过寻找与标准模型预测的显著偏差，它将允许对新物理的系统探索。该加速器将发挥真正的希格斯玻色子和顶夸克工厂的作用。在没有新物理的直接信号情况下，高亮度大型强子对撞机的统计数据仍然允许对标准模型的决定性参数进行精确测量，这些参数可以间接指示新现象。

与此同时，欧洲对中国和日本未来加速器倡议的回应——未来环形对撞机（FCC）已经启动。未来环形对撞机项目是一个国际研究小组，旨在为欧洲核子研究组织建造100km的对撞机进行概念设计、定义基础设施和估算成本。该项目设想了一个100 TeV的质子–质子对撞加速器（FCC-HH），并考虑在第一阶段使用大型基础设施作为质子–质子对撞加速器（FCC-EE）。

该提案在2014年提出，并立即得到了国际物理界的大力支持。该研究小组目前包括来自数十个国家的数百名科学家。最终报告定于2018年发布，这将成为欧洲在粒子加速器领域制定新战略的基础。这一决定可能标志着21世纪上半叶的物理学进程。

在这个地区挖掘这么大的隧道本身就是一个挑战。该地区夹在湖泊和山脉之间，地质情况相当复杂。新的加速器将穿越整个日内瓦地区，包括日内瓦湖的一段，深度在200～400m之间。该路线会避开大量的含水层，主要规划在稳定、易开挖的地质地层中。无论如何，必须在一个人口稠密的城市地区开采和搬运数百万吨的岩石，如果有深达400m的通道，就必须找到合适的方法来运输几十千米以外的人员和物品。该地区的一大优势是现有的基础设施：从欧洲核子研究组织到大型强子对撞机项目的加速器链（可充当注入器），以及足以满足新机器预期消耗的电力网络。

从物理学的角度来看，首先运行电子和正电子对撞机，然后运行质子–质子对撞加速器，这两个加速器的连续组合是目前为止最优的配置。一旦隧道准备就绪，第一个安装的就是电子加速器。现有的技术需要开发，共振磁体和谐振腔的工业生产可以与隧道挖掘工作并行组织。与已经为大型强子对撞机开发的探测器相比，这些探测器本身并不需要重大创新。在乐观的情况下，我们可以设想在 2018 年做出决定，2023 年开始建设，并预计在 2035 年大型强子对撞机的高亮度阶段结束时开始运行。

质子加速器要复杂得多，一方面，要实现工业规模的磁铁生产，还需要几年的发展时间。预计 2040 年可启动质子–质子对撞加速器项目，这使我们能够为超导磁体提供最好的解决方案，这将是该项目的核心。另一方面，质子加速器的探测器本身极其复杂——它们需要新技术和至少 10 年的发展，才能开始生产工业规模的各种组件。

电子和正电子对撞机项目专注于希格斯粒子、标准模型的顶夸克和基本参数的精确测量。预计机器运行在 90 GeV 将产生大量 Z 玻色子，然后切换到 160 GeV 时产生 W 玻色子对，上升到 240 GeV 产生与 Z 玻色子相关的希格斯粒子，最后达到 350 GeV 产生顶夸克对。对于希格斯粒子与其他粒子的耦合性研究，电子和正电子对撞机期望精确度在 1%～0.1% 之间。

利用质子–质子对撞加速器 100 TeV 的能量，探索比大型强子对撞机高 7 倍的能量级将成为可能。在几个 TeV 到几十个 TeV 之间任何新的质量状态都可以直接被识别出来。如果希格斯玻色子是基本的或者有内部结构，我们也可以理解，也可以研究自发电弱对称性破缺的细节，这对理解我们周围的世界具有决定性的意义。质子–质子对撞加速器的高亮度，比大型强子对撞机高 10 倍，最终可以产生数百万的希格斯玻色子，从而将电子和正电子对撞机的精确测量扩展到更难测量的粒子参数。

我们与这个宏伟计划的差距在于，首先，这个项目的成本仍然难以评估，但 150 亿 ~ 200 亿欧元的投资是需要的。另外，许多技术上的困难也不容忽视，要生产 16 吨或 20 吨的超导磁体。为此，由欧洲核子研究组织领导的研究小组正在进行密集研究和开发活动，以期在 2018 年制造出第一个现实的原型。他们面临的其他挑战还包括：如何管理束中储存的巨大能量及其平均寿命，如何使用冷却系统来消除真空管辐射产生的热量，以及如何保护系统以及辐射对机器部件本身造成的损害。还应该记住的是，质子–质子对撞加速器的探测器是比大型强子对撞机要复杂一个数量级的仪器，因此需要进一步的技术飞跃作为支撑。

然而，毫无疑问的是，欧洲正在用未来环形对撞机项目发起挑战，并在关于未来加速器的世界辩论中占据了中心舞台。另外，美国似乎对这一切保持低调。那些曾经是该领域无可争议的重要地位的国家，以某种方式参与了欧洲、中国和日本的倡议，但没有提出另一种选择，或正在争取领导讨论中的大型基础设施之一。

美国物理学家最初唯一的提议是回到达拉斯附近的沃克西哈奇，建造欧洲人希望在日内瓦附近建造的 100TeV 质子加速器。

他们的想法是利用已经为超导超级对撞机挖掘的几十千米的隧

道，快速完成87km的长度，并使其成为希格斯工厂，一个类似电子和正电子对撞机的240 GeV正负电子加速器。然后利用得州有利的地质条件，挖掘一条270km长的隧道，装备5 T的磁铁（一项众所周知的技术），以达到质子对撞机的100 TeV。87km长的隧道还可以为加速器安装一个15 TeV的注入器。在后期，当15 T磁铁的技术可用时，270km长的隧道可以装备新的磁铁，从而达到300 TeV。

尽管规模庞大，但支持者认为其成本和交货期将大大优于未来环形对撞机项目。这种方法虽然有趣，但还没有被认为是其他提议的替代方案。

寻找至高无上的地位

以新加速器项目为开端的场景，让我们能够理解科学政治在国际层面上的重大策略。它包含了许多新颖的元素。

首先，正如前面提到的，美国似乎已经同意扮演次要角色。其次，他们被超导超级对撞机项目的失败重创，还遭受了欧洲核子研究组织致命的双击。W和Z玻色子的发现以及希格斯玻色子的发现似乎已经将美国淘汰，现在他们似乎没有做出反应的力量或意愿。不过，美国仍然是技术领先的国家之一，它在其他知识领域的投资，如天体物理学或空间技术，仍然是巨大的。

亚洲强国的情况则完全不同，不仅是日本，还有韩国，尤其是中国。地球上最活跃的地区的国家正在行动，在这个地区，行动速度也是其他地区的两倍。

日本在高能物理学方面有着悠久的传统，日本科学家在过去 65 年里获得诺贝尔奖的名单就是最有力的证明。中国和韩国最近才迎头赶上，但他们在过去 15 年取得的进展令人瞩目。特别是，中国在默默起步后，开始产出了值得尊敬的科学成果。为了加强一个足够的高能物理学家群体，他们从国外吸引了一些最优秀的华裔研究人员。对于那些在美国最负盛名的大学工作的人才，他们提供了有竞争力的薪水和研究基金。为了推动新的加速器项目，他们聘请了声望极高的人士，并为愿意在大学任教的年轻欧洲或美国物理学家提供教授职位。

中国的基础研究投资逐年增长。对于欧洲人来说，我们每次都要为应对持续的预算削减而斗争，甚至不敢做梦。从 2000 年到 2010 年，中国在研发上的投入已经超过了整个欧洲。

此外，中国还启动了太空探索计划，包括建立轨道科学站和一系列月球探索任务，目的是让人类重返我们的卫星。每年都有几十所新的大学开放，主要的中微子物理基础设施已经建成，包括一个新的地下实验室。

如果说今天的欧洲在高能物理领域拥有无可争议的领导地位，那是一流大学培养的高素质科学家、古老传统和高效率组织的结果，如欧洲核子研究组织——研究机构体系和国家实验室网络。我们有一切条件来保持这一优势并进一步发展它。在欧洲，有太多具有科学性质的战略选择，都受到这个或那个政府的政治偶然性的制约，或者严格地依赖于这个或那个国家的经济状况。因此，必须肯定一种完全不同的办法，它必须是有效的，作为我们关于一个展望未来社会的提议的一种立宪条约。欧洲必须通过加强大学和研究中心，不断资助基础研究。只有通过培养一代又一代的新科学家并不断投资，进步和创新才能持续。政府的任务是不断地投资基础研究，而行业的任务是利用公开的知识开发实际应用研究，并从大学招募最优秀的年轻人参与实践。

没有对科学的大量持续投资，欧洲就没有未来。目前在高能物理学领域的地位也岌岌可危。

10

全新的创世纪

努力探索多元宇宙

欧洲核子研究组织，2009 年 6 月 3 日

今天由我和约翰·埃利斯主持，我们接待了一位非常特殊的国家元首。他来自一个只有 836 名居民、占地面积 0.44km^2 的国家，是所有国家中面积最小的，但在世界上扮演着重要角色——梵蒂冈。该代表团由乔瓦尼·拉霍洛率领，他是梵蒂冈的总督，相当于代表教皇行使行政权力的总理。这次访问既有公务价值，也有科学价值。乔瓦尼·拉霍洛由日内瓦的工作人员以及梵蒂冈的两位顶尖科学家陪同：著名的梵蒂冈天文台主任何塞·加布里埃尔·富内斯和天文台陨石收藏馆馆长盖伊·康索马格诺，这是世界上最重要的天文馆之一。访问的目的还包括初步讨论梵蒂冈以观察员身份参加欧洲核子研究组织的可能性，这是可能实现新的有效成员加入的第一阶段。这就是代表团级别如此高的原因，这次访问除了签署议定书的手续外，还包括对共同关心的科学问题的深入讨论。上午，我们参观了

紧凑渺子线圈和欧洲核子研究组织的计算机中心。午饭后，我们来到了一个用于小型研讨会的房间：61 号楼 A 室。

梵蒂冈有一个围绕天文学和宇宙学组织的研究基础设施。梵蒂冈天文台管理着两架望远镜——位于教皇夏宫甘多尔福堡的 Specola 望远镜和位于美国亚利桑那州格雷厄姆山的 VATT（梵蒂冈高级技术望远镜），格雷厄姆山是北美最好的天文观测点。VATT 是一个现代望远镜，主镜约 2m，是国际天文台的第一个光学红外望远镜。

梵蒂冈天文台是至今仍在运行的最古老的天文台之一。它建于 16 世纪下半叶，当时教皇格里高利十三世为了改革以他命名的历法，需要精确的计算。他向罗马学院求助，那里有杰出的物理学家、天文学家和数学家。为了便于观察，他建造了一座 73m 高的塔，现在被称为“风之塔”。在时代的变迁中，梵蒂冈天文台配备了越来越复杂的仪器，这些仪器安装在风之塔及罗马大学。20 世纪，当这座城市的光污染变得极其严重时，教宗庇护十一世决定将天文台转移到距离罗马 25km 的阿尔班山上的甘多佛堡，现在天文台仍在那里。我们现在围坐在椭圆桌旁讨论物理。首先，我们讨论的是暗物质。富内斯和康索马格诺想知道我们有什么程序可以直接探测超对称粒子，从而找到中性中微子。约翰 · 埃利斯描绘了最简单的超对称模型，我解释了我们正在不遗余力地组织研究。然后我们继续讲大爆炸、电弱、膨胀。富内斯神父接连追问，而莱奥罗主教只是倾听和点头。约翰和我一开始都很谨慎，我们知道话题是敏感的，一点小细节就足以冒犯到我们到对话者。我们想避免哪怕是最轻微的尴尬，因此我们继续谨慎回答；但是我们不能回避这个直接的问题："您如何看待多元宇宙？"我们突然明白，之前的所有讨论都只是为了达到这个目的的一个借口。面对这样一个假设，即我们的宇宙不是唯一拥有生存特权的宇宙。这个问题很容易想象，如果以积极的方式解决，不仅会产生科学上的影响，而且还会产生神学上的影响。出于尊重，我们试图回避的一点，实际上是他们最感兴趣的一点。从那一刻起，讨论变得更加深入，我们花了整整一个小时讨论弦理论的优缺点、永恒膨胀、真空状态和十维宇宙。我们的耶稣会同事非常了解这些问题，他们掌握了最困难的细节，他们只是想把自己的观点与我们的观点进行比较。他们想要用真正的研究人员所拥有的对知识的热情来验证技术的现状，不需要犹豫，不需要自我审查，完全自由地讨论。

会议结束时，在寒暄中，我不知道为什么突然蹦出一句："这是一次精彩的讨论。如果伽利略看到我们今天这样对话，他会很高兴的。"当拉霍洛主教和我握手时，他给了我最大的惊喜："说到伽利略，你愿意到梵蒂冈来探望我们吗？我很乐意给你展示我们档案馆里伽利略亲笔签名的信件，这是为少数人保留的特权。"

可惜的是，在这些复杂的岁月里，我还没有找到时间跟进那份珍贵的邀请，但迟早我会的。

至于像富内斯一样的阿根廷人，他们属于一个非常特殊的派别，具有开放和智慧的悠久传统。在访问紧凑渺子线圈期间，富内斯用完美的意大利语向我讲述了他的成长经历、他在科尔多瓦获得的学位和在意大利帕多瓦获得的博士学位。在谈到教会内部对科学的兴趣时，富内斯跟我讲了一个阿根廷民众的故事。他有意大利血统，曾是科尔多瓦的审查官。富内斯和他就物理学进行了长时间的讨论，因为他是为数不多的拥有科学知识的成员之一。他先获得化学学位，然后才获得神学学位。富内斯兴致勃勃地谈起他，好像说他是个伟大的人物，但我在那儿并没有注意到这一点。几年后，当枢机主教贝尔格里奥当选为教皇方济各时，我又想起了那次谈话。

如果我们真的发现了“上帝粒子”呢？

我从来都不喜欢这个绰号，我一直认为它不合适。然而，我知道莱德曼的书不仅成了畅销书，现在也进入了集体的想象。无论一个人多么努力地尝试，无论一个人多么坚持它不过是一个物质粒子，似乎每个人，记者和公众，都离不开这个表达。

坦白地说，每当我发现自己在一群提到“上帝粒子”的听众中辩论时，我几乎无法掩饰我的烦恼。此外，我觉得这个表达有所冒犯。我不是信徒，但我对那些有信仰的人怀有深深的敬意。当我讨论宇宙生命的最初时刻时，我总是尽量不冒犯那些人。他们把物质世界想象成造物的结果，或者是超智能的显现。我知道，科学观察在我们每个人可以自由地做出这种信仰行为之前暂停了片刻，我不允许自己去评判。

然而，我必须承认，科学界最近对希格斯玻色子作用的反思可能会打开一个全新的视角。这样一来，如果得到证实，他们就真的可以证明他们取的绰号是正确的。事实上，根据一些假设，仅希格斯玻色子就可以解决现代物理学的三大难题：正反物质的不对称、暴胀的起源和暗能量。

第一个问题关涉我们作为物质的存在。没有理由认为在大爆炸中产生了不同数量的物质和反物质，而且我们知道，如果两种如此不同的物质相互接触，它们会在一瞬间湮灭。那么，为什么反物质完全消失了，而在宇宙中，只有构成我们的普通物质和我们周围的一切还保留着？

宇宙背景辐射告诉我们，所有落到我们这里的物质只是原始物质的很小一部分。早期宇宙的物质和反物质通过发射光子自我湮灭，其数量之大，我们今天仍然可以在我们周围的宇宙中观察到。由于一种尚不清楚的机制，在最初时刻存在的十亿个物质粒子中，有一部分在第一次致命的碰撞中存活了下来。在随后的演化过程中，我们所知道的一切都是从这个小遗迹演化而来的，因此，物质相对于反物质的成功是由我们的存在所证明的：一个细节，一个小细节，我们就在这里。

几十年来，人们一直认为这一切都是由于物质和反物质行为上的不同。一个微妙的异常，打破了原来完美的对称，这是一切的基础。人们已经进行了详细的研究，事实上，已经发现了几种机制，这些机制对于物质在粒子和反粒子的衰变过程中的影响很小。这些差异在标准模型中是可以预见的，但物质的偏差太小，不足以解释我们周围观察到的过量现象。

近年来出现了一种新的假设。即使在这种情况下，当电弱相变发生时，一切都可以确定。这取决于这个相变是如何发生的，在那个精确的时刻，大爆炸后的十亿分之一秒，我们的命运被决定了。在一个物质和反物质等价的宇宙中，在任何时候，它们都可以恢复为纯能量。希格斯玻色子的一个非常轻微的偏好，可能就足以与物质而不是反物质耦合，这就是它，产生了环绕我们的物质宇宙。或者说相变发生的方式是决定性的。也许一切都是在标量场占据整个宇宙之前决定的，在那个奇异空隙中形成的第一批微小气泡中，弱相互作用与电磁作用最终分离。在这些迅速膨胀的气泡表面，物质和反物质之间会产生非常轻微的不对称性，如果相变非常迅速，就会幸存并变成一种普遍的性质。

这就是它，一个微小的缺陷，一个微妙的不完美，一切诞生都源于它。一种异常现象产生了一个物质宇宙，这个物质宇宙可以演化数十亿年。

如果一切都是从那里来的，那么就有必要了解每一个细节的关键时刻，以慢动作和不同的角度逐帧地重建它，就像观察世界锦标赛决赛的进球一样。要做到这一点，有必要建造一个比大型强子对撞机更强大的新加速器。像未来环形对撞机这样的机器，其质心为 100 TeV，将是研究希格斯玻色子的潜在理想工具。自大爆炸以来，希格斯玻色子一直处于远离平衡的状态。这将需要几年，也许几十年，但迟早我们能够在我们的历史上写下另一个至关重要的篇章。

希格斯玻色子可以解决的第二个谜题则更加令人着迷：是什么引发了暴胀的过程，使得宇宙规模在生命早期阶段膨胀？

我们知道需要一个标量粒子，即暴胀子，才能触发宇宙膨胀。新发现的希格斯粒子是标准模型的第一个基本标量粒子。如果希格斯玻色子就是暴胀子呢？这种可能性是存在的，并引发了激烈的争论。

新的玻色子 125 GeV 的质量，一个非常特殊的值，某些人认为，这将使希格斯玻色子产生类似于所假设的会产生宇宙膨胀的势能：一座具有最小坡度的山，逐渐增长，然后跳入一个潜在的洞。在某些模型中，标量场的势能甚至可能有两个极小值。一开始，它会朝着最接近的局部最低水平移动，从而引发膨胀式增长。然后，由于量子隧道效应，或者由于其他机制，新粒子会重新开始运动，冲向稳定的平衡点，从而产生弱电真空，而且它现在仍然处于这种状态。现在我们有了希格斯玻色子，它有两种功能：首先，它引发了产生万物的混沌，然后，当这种爆发平息时，它在相互作用之间建立秩序，并组织基本粒子家族——给每个粒子分配其质量的精确值——这样万物就能和谐地发展几十亿年。当然，如果希格斯粒子真的在我们物质宇宙的形成过程中，扮演了如此明确而复杂的角色，我们就很难否认它有权利称自己为“上帝粒子”。

这个问题实际上非常有争议，无论如何暗示，希格斯粒子可能是暴胀子的假设引起了科学界很大一部分人的激烈争论。虽然不能排除希格斯粒子可能在暴胀中发挥了作用，但许多人认为有必要假设存在另一个标量，伴其左右并帮助它，就好像这个任务太大了，它一个人做不到。最后，我们又回到了马上要问自己的问题：希格斯玻色子是唯一的，还是整个新标量粒子家族的第一个成员？

要了解更多，还需要更多的研究。首先，必须精确地测量其势能随能量的变化，而能量的变化又取决于诸如顶夸克质量和强相互作用的耦合常数等参数，这些参数也必须非常精确地测量。希格斯玻色子与自身的耦合是另一个决定性的参数，它可能会带来惊喜。为了测量它，我们将需要研究一个非常罕见的过程，也许我们只能在大型强子对撞机的高亮度阶段瞥见：希格斯玻色子对的产生。要详细研究希格斯玻色子分解成一对其他希格斯玻色子的奇怪机制，有必要建造新的加速器，并且要有足够的耐心。这个过程是如此罕见和复杂，只有通过产生数百万对配对，才有可能重建那几百对配对以进行测量。

即便如此，也可能不足以消除人们对希格斯粒子在暴胀中所扮演角色的担忧。为了真正证实这一假说，有必要验证原始希格斯玻色子那极少的特征，是否在宇宙辐射的背景中留下了印记。

整个宇宙就像一个巨大的微波炉，数十亿年前非常热，至今还没有完全冷却下来。最灵敏的仪器仍在继续研究它的辐射，因为它仍然保留着非常微弱的、经历的所有历史的痕迹。这个光子旋风无处不在，我们从四面八方看到的光子是一个宝贵的信息来源，它关涉在决定性的最初时刻到底发生了什么。为了很好地研究它，有必要避免正常陆地环境的典型干扰。为此，要将仪器送入轨道，或在南极洲最偏远的地区安装非常特殊的探测器。

如果希格斯粒子触发了暴胀，它一定留下了一些痕迹。如果我们试着去计算它，就会发现希格斯玻色子的接触非常微妙。宇宙微波背景的光子在大爆炸 38 万年后从物质中永久分离。在那个时候，光子和电子不断被物质释放和重新吸收，它们有足够的时间与引力波的海洋相互作用，引力波是由暴胀产生的，在几千年的时间里持续震动着早期宇宙。时空的扰动传递给了与玻色子相互作用的光子，而光子则经历了一种印记：一种特殊的极化、一种特殊的相互作用。接下来的数十亿年里，这种极化的微妙痕迹仍然存在于宇宙辐射背景中。

所有最复杂的实验都在追求这种特殊的极化，但它是一种隐藏在其他现象之下非常小的效应，产生极其微弱的信号。这有点像在 138 亿年之后，试图听到婴儿微弱哭泣的、非常遥远的回声。如果确实是希格斯粒子触发了暴胀，那么这个信号的灵敏度将远远低于当前实验的灵敏度。

与此同时，我们可能会在希格斯玻色子和第三个千年之初最大的物理学之谜——暗能量之间的关系中发现一些新的东西。

我们所知道的关于这个未知实体的一切，就是它在整个空间中有一个常数值。一个很小但非零的值。事实上，最令人惊讶的不是暗能量的存在，而是它的值如此之小。如果你根据已知的量子涨落机制计算真空中应该包含的能量，你会得到一个与测量值完全不同的能量密度数量级：一个巨大的数量。它被定义为“真空的灾难”，用来表示物理学历史上理论预测的最糟糕的弱点。

有些人认为存在一种抵消机制，因为其他粒子，比如超对称性粒子，会给总能量带来负的贡献，并通过几乎完全的减法，导致这个神奇的数字，如此接近于零。其他人则提出，解决方案可能来自希格斯玻色子本身。

希格斯场有一个特定的值，在整个空间中都是常数，它对应一个零势能，正因为这个原因，任何两点之间的势能差都是零。这就解释了为什么严格地说，希格斯场不能贡献暗能量：标量场的能量密度为零。另外，如果希格斯场有一个值，略高于或低于那个神奇的值，那个神奇的值使势能处处为零，能量就会到处分布。但是，如果除了希格斯粒子之外，我们考虑一个新的、非常小的标量场，而玻色子与之耦合，那么这个微小的差异就可以用来解释暗能量。这个有趣的假设仍然不能解释我们之前谈到的巨大差异，但它为我们提供了一个暗示性的场景。通过希格斯粒子，我们将了解现代物理学中最有趣的奥秘之一。

总之，虽然许多科学家对尚未发现新物理的直接证据感到失望，但有人开始怀疑：如果我们已经发现了新物理学呢？

希格斯玻色子这种非常特殊的粒子，不是已经存在了吗？新玻色子确实是一种非常奇怪的粒子。太奇怪了，它甚至会和自己互动。能想象到的最简单的粒子实际上也是最难理解的粒子。那么，单独的，这个没有电荷、没有旋转的东西，从这两个大家族中所有其他的粒子中分离出来，有什么用呢？这个奢侈的角色在宇宙悲剧中扮演了什么角色，他既与形成物质的蒙太古家族说话，又与负责相互作用的凯普莱特家族交谈？如果它是整个标量家族中的第一个粒子，与标准模型不一致呢？试想一下，几十年后人们会笑着谈论我们："本世纪初的这些科学家多么奇怪：他们发现了新的物理学，却没有注意到它。他们在别处寻找他们眼前所拥有的东西。"

新的巨大挑战

随着希格斯玻色子的发现，我们来到了物理学的一个决定性转折点。其中的核心是一些基本问题：基本粒子的起源；产生我们物质宇宙的机制；时空、物质和暗能量的结构。

在这些问题上，我们有必要设想使用加速器但不限于加速器的新一代实验。在尺度的另一端，对最微小基本粒子的研究，必须再一次伴随着对伟大宇宙结构的更深层次理解。新粒子的发现可能会解开宇宙的一些奥秘，相反，从天体物理观测中可能会获得关于无限小粒子的新信息。这两条知识之路前所未有，它们相互补充，相得益彰。

可以观察到的最巨大物体——最遥远的星系、大型星团和宇宙辐射背景——是新一代超望远镜（在陆地或卫星发射大型设备）的研究领域，他们探索宇宙中最大规模和最遥远的物体。新的仪器正在进行更深入的研究，试图识别所有可能的信号。每天都有越来越多的、详细的宇宙地图被绘制出来，不仅使用传统的光信号，还使用各种频率的无线电波、X 射线和伽马射线，还有中微子和宇宙射线。

感谢新技术，传统的光学望远镜探索将继续产生伟大的结果，它可以让你集中来自最遥远星系的微弱光线。到目前为止，已经有可能制造出直径超过 10m 的巨型反射镜，由几十个次级镜组成，这些次级镜通过计算机精确的移动来校准，从而将微弱的信号集中到焦点上。人们已经开发出了对可见频率和同样有趣的红外、紫外频率都极为敏感的新传感器。最后，为了消除与大气有关的干扰和光污染，甚至在地球上最荒凉的沙漠中也存在这种现象，他们计划向太空发射新一代望远镜，即哈勃望远镜的继承者，在超过 25 年的时间里，它在距离地球 550km 的轨道上运行，并继续向我们发送一些最美丽的星系图像，这些图像装饰着天穹的每个角落。

巨大的射电望远镜继续记录着脉冲星、以惊人速度旋转的中子星以及活动星系核发出的最微弱的无线电波。活动星系核是指整个星系正在被超大质量黑洞吞噬，所有物质围绕黑洞旋转。到达我们的微小信号告诉我们，宇宙中发生巨大灾难的整个区域里，混乱的环境和可怕的现象，与我们生活的世界的安静角落如此不同。也许正是由于对这些遥远灾难的理解，我们对宇宙的描绘才会变得更加完整和精确。

由于陆地上和其他发送到卫星或空间站的探测器正在超越人们

的视线，X 射线和伽马射线频率重建了宇宙地图。为了确定宇宙射线的起源，特别是那些来自最深空间的可怕能量，在青藏高原的整个山谷安装了探测器，建起覆盖阿根廷潘帕斯草原 3 000km^2 的仪器。为了揭示来自太阳和超新星等现象的中微子，有人潜入最深的矿井，还有人将巨大的光传感器串投入西西里岛帕萨利角附近的抹香鲸保护区数百米深的海底，还有一些人在南极洲 1km^3 的冰层上安装探测器。

在任何时候，特种知识部队都在工作，即使在地球上最荒凉的地方。

整个世界都参与了暗物质的探索，所有伟大的谜团中最神秘的一个，今天看来，似乎触手可及。用加速器进行的研究，还不足以覆盖这种奇怪物质可能隐藏的所有形式。我们在这里装备了超灵敏的仪器，试图识别这些粒子与普通物质相互作用的信号。这些事件非常罕见，能量释放非常小，人们为此开发了低温探测器，它在非常接近绝对零度的温度下工作。人们试图记录暗物质粒子与锗等超纯晶体原子碰撞时产生的微小热量。因此，我们努力发明新的晶体生长技术，以获得无限小的杂质水平。或者我们寻找这些粒子与稀有液体、气体（如氙或氩）的原子碰撞时产生的微小闪光。然后物理学家囤积这些气体，将其液化，发明新的蒸馏方法，将其纯度提高到极限。必须对敏感材料进行净化，使其不受任何形式的污染，以防止由于某些杂质而造成的残余放射性衰变掩盖信号。最后，为了尽量减少宇宙射线撞击地球所产生的混乱，这些设备被安装在废弃的矿井或地下实验室里，这些实验室被遍布北美、欧洲和中国的绵延数千米的岩石保护。

为了寻找间接信号，人们千方百计地向太空发射其他仪器。在离地球几百千米远的高空，更容易识别稀有粒子的异常产物，比如正电子，它可以发出暗物质粒子相互湮灭的信号。

在未来的几十年里，通过结合加速器、地下实验室和卫星上的直接和间接研究，暗物质将越来越难在我们的观测中隐藏起来。很容易设想，在 21 世纪中叶之前，会有人为这个自然界最有趣的谜团之一找到一个令人信服的解释。

一些处理暗能量的新项目已经启动。其中最有趣的一项是暗能量调查，它在几年前就开始收集数据。这个实验的核心是一个大面积的全新数码相机，再加上一个功能强大的光学望远镜，可以让你看到无数的遥远星系，并记录它们的运动。这个新的 5.7 亿像素相机由几十个对红色频率敏感的特殊传感器组合而成，红色频率对于观察最遥远的星系是最重要的。为了减少图像重建中的干扰，摄像机在 − 100°C 的真空中工作，并使用创新的图像重建和降噪系统。它被安装在一个直径 4m 的望远镜的焦点上，这个望远镜安装在智利圣地亚哥以北 460km 的塞罗托洛洛，海拔 2 200m。望远镜不时地利用安第斯山脉理想的光学条件进行观测。然后，用一小部分天空重建成千上万个星系的图像。在 5 年的观测中，我们想要研究 3 亿个离我们数十亿光年远的星系。精确测量暗能量的时代已经开始了。

揭开遥远灾难的秘密

最后，所有挑战之母，是最容易理解也最难以捉摸的交互作用——引力。在伽利略和牛顿之后的几个世纪里，一代又一代的物理学家仍在思考最常见的力以及它在宇宙诞生之初所扮演的角色。到目前为止，在现实中，引力已经逃脱了所有将其简化为其他力的尝试：相互作用的量子，即引力子，仍然是一个神秘的粒子，没有人能够记录引力波或产生一个令人信服的引力量子理论。但进步是巨大的，伟大的发现可能就在眼前。

直接探测引力波的实验现在已经达到了相当成熟的水平，特别是自从大型干涉仪进入这一领域以来。引力波是广义相对论所预言的时空的微妙涟漪，但它们是如此微弱，以至于迄今为止所有试图揭示它们的努力都未能成功。通过对双星系统中脉冲星轨道收缩的观测，我们获得了引力波发射的间接证据。脉冲星是一种非常紧凑的天体，其半径约为 10km，质量甚至可以是太阳的两倍。它们是高度磁化的恒星，以令人难以置信的速度自转，并向 Poli 发射电磁辐射脉冲 [Poli 因此得名，即“脉冲无线电之星”（Pulsating Radio Star）的缩写]。当两颗中子星形成一个双星系统时，它们都在围绕系统质心的椭圆轨道上自旋，在这种情况下，广义相对论预测它们轨道能量的一部分会以引力波的形式释放出来。因此，较低的能量对应随着时间收缩的轨道。这是拉塞尔·赫尔斯和约瑟夫·泰勒观测到的结果，这两位天文学家利用位于波多黎各的巨大 Arecibo 射电望远镜工作，他们详细研究了脉冲星 B1913 + 16 的情况。由于这一发现，他们于 1993 年获得了诺贝尔奖。

从那时起，寻找引力波的直接探测已经成为一个优先事项，吸引了数百名科学家的兴趣和大型研究机构的注意。调动的资源使我们能够安装以巨大干涉仪为基础的现代基础设施。

这些装置的工作原理很简单：激光束被分成两束，并向垂直方向发射。两束光在最深的真空中传播几千米，然后被特殊的镜子反射回来，再次相遇。光束的交叉产生的干涉现象取决于光路中最小的差异。如果引力波通过，时空的扭曲就会拉长其中一束光，缩短另一束光，这样微小的差异就会产生信号。

用于寻找引力波的工具，是人类所能设计出的最精致的工具之一。目前，他们能够检测到两束光的光程差为 10 ~ 19m，是质子大小的万分之一。如此高的灵敏度，是有望收集与电波通过相关信号所必需的。

这种能产生显著引力波的现象发生在离地球非常远的地方。如果我们用电磁辐射来类比，辐射引力波，它需要一个引力波电荷，也就是一个加速的质量。但是重力的弱点是这样的：只有当巨大的质量获得巨大的加速度时，才能产生足够强大的引力波，以便在地球上安装的实验中留下一些信号。它涉及寻找灾难性的现象，比如超新星爆炸，两颗中子星合并形成黑洞的双星系统，或者两个特大质量黑洞合并。该理论预测，在这些现象的最后阶段会发射出大功率的引力波，但其强度会随着距离的增加而迅速减小。如果天体的距离不超过 1 亿光年，发射的电磁波，无论衰减多少，仍能产生可被地球干涉仪检测到的信号。仪器的灵敏度越高，监测的范围就越大，也就是说，可以观测到的星系的数量也就越大，探测到这些事件并大喊“发现了！”

提高灵敏度意味着与干扰做斗争。由于无数的现象，镜子之间的距离不断变化，而这些现象必须得到控制。镜子悬挂在固定在地面的设备上，无论采取多少预防措施，地球上最小的地震活动都会影响镜子的位置。复杂的衰减系统试图消除所有来自地面和空气的干扰：几英里外的卡车或飞机、使树叶沙沙作响的风、拍打岩石的海浪或河流的流动。然后就有必要考虑镜子本身的布朗运动，以及照亮它们的激光器发射的光子数量的量子涨落等等。需要成千上万的技巧来消除所有这些干扰，使它有可能感知与波的通过有关的非常细微的耳语。好像你正在寻找完全的寂静一样，能够聆听黑洞发出的远距离回声，该黑洞吞噬了距离我们 5 000 万光年的十个太阳质量的红色巨人，或者听到两个黑洞合并发出的鸣叫，在它们恐怖之舞的最后阶段以一种突发性的方式互相旋转。

为了消除干扰并提高灵敏度，人们建造了更多的仪器，并将它们放置在一起。知道了干涉仪之间的距离，就有可能计算出在各种实验中波信号出现的延迟，从而有了额外的降噪工具。LIGO 天文台（激光干涉引力波天文台）在美国运行着三个大型干涉仪：一个在印第安纳州的利文斯顿，另外两个在相同的真空管中，分别在汉福德和华盛顿里士满。这三个美国仪器与意大利、法国的 VIRGO 干涉仪合作并共享数据。VIRGO 干涉仪的名字来自位于处女座附近的 1 500 个星系团，距离我们 5 000 万光年。VIRGO 干涉仪安装在意大利比萨附近的卡西纳。德国和澳大利亚也发现了其他更小、灵敏度更低的干涉仪，印度也计划安装一个。

到目前为止，还没有一种仪器能够记录引力波信号，但近年来在提高灵敏度方面取得的进展让每个人都感到乐观，我们已经在为这一发现的下一步做准备了。头号逃犯被抓的那一天，不仅是科学的大好日子，天文学的一个新分支也将应运而生。相比于已知的，这将有可能从一个完全不同而互补的角度来观察宇宙。利用新的仪器和南半球的设备，将有可能识别引力波的来源，也许还可以用一种与已知的完全不同的辐射建立宇宙的图像。利用电磁波谱的所有频率，再加上宇宙射线、中微子和引力波，可以获得这些信息，这将有助于揭示那些遥远灾难的秘密，而这些灾难隐藏着对我们宇宙更深层次的理解。将灵敏度推到极限将试图揭示引力波化石，大爆炸的残留物，也许我们将开始理解引力在宇宙生命最初时刻的作用。

因此，我们已经在考虑在太空中安装干涉仪，这些设备将围绕太阳旋转，远离任何地震干扰，在恒星空间最深处的真空中移动，使用的激光束将传播数百万千米。这是欧洲航天局的 eLISA 计划（演化激光干涉空间天线计划），目前正在对该项目进行可行性测试，可于 2034 年将其送入轨道。

为了应对这些最新的挑战，将需要新一代的科学家，他们能够在设计其他更复杂的工具和技术的方面实现质的飞跃。我们需要年轻一代睿智的头脑，为知识之路注入新动力。

后记

倭黑猩猩、黑猩猩和超新星

我们并不是唯一对世界有洞察力的灵长类。一段时间以来，古人类学家已经确定了许多原始人的谱系，它们的发展与我们所属的智人的进化是平行的。人类并不是地球上唯一繁衍生息的物种，黑猩猩、倭黑猩猩、红毛猩猩和大猩猩也和我们一样繁衍生息。和我们最近才认识的近亲一样，我们共享了很大一部分基因遗产：我们是社会物种，我们使用语言形式，我们组织聚会和仪式，最重要的是，我们有设计技能和对世界的看法。

对于所有的原始物种来说，这是一个巨大的进化优势。知道如何制造工具来获取食物，寻找合适的石头来敲碎大胡桃，或找到进入蜜蜂储存蜂蜜洞穴的细树枝，这些都需要对自己和周围的现实有一种认识。组织将任何形式的潜在危险传递给氏族，意味着意识到我们行动的目的，并在几代人之间传递知识。

智人在适应不同环境方面的进步从一开始就令人震惊，但在过去的四百年里发生了一些特殊的事情，这给了整个地球上繁衍生息的种族以非凡的动力。这个非常特殊的原始人发现了一种工具，使他能够建立一个比他之前所发展的更为完善和完整的世界观。这个工具被称为科学方法，它的发现相对较近，是由一位意大利科学家伽利略·伽利莱发现的。

1604年，一颗新星出现在天空中，欧洲的每个人都把目光转向了这颗新星。今天我们知道它是一颗超新星，我们称它为SN1604，这是根据爆炸发生年份的缩写命名的。对观测恒星的兴趣促使伽利略改进了最早的一个初级望远镜，使其成为科学研究的工具。新仪器达到了足够的放大倍数，伽利略就开始观察月球和太阳系的主要行星。他的注意力集中在木星和环绕着它的奇怪恒星上，它们似乎在做着奇怪的运动。他得出的结论不容置疑：它们是木星的卫星。

伽利略看到了他不应该看到的东西，月亮并不像人们当时认为的那样是一颗完美无瑕的恒星，上面到处都是与地球上相似的山谷和山脉。比萨科学家称之为"伽利略卫星"，它们围绕木星旋转，一起形成了一个微型太阳系。伽利略看到的这一切，在当时甚至闻所未闻，但他有勇气记录下来这件事。

1610年，当伽利略发表《赛德鲁斯信使》时，没有人会想到，这些给他带来诸多麻烦的观察结果将永远改变世界。这是一个划时代的变化，其影响可以与其他伟大的革命相比较，如语言、艺术和象征的发展。

与伽利略一起，诞生了现代科学和普世的现代性。为了理解自然，为了建立一个更完整的世界观，我们不去寻求书本上或传统中所记载的东西的确证。人变成了一个自由的存在，在他自己的智慧和创造力中，在自己的内心寻找对围绕着他的环境的解释。研究自然，建立猜想，并通过组织合理的经验来验证结果；当这个猜想失败，甚至不能解释最细小的现象时，他就求助于另一个猜想。因此，科学拓宽了它的视野，纠正了它的局限性和错误，并获得了预测的力量，即使在今天，这依然使它成为最深刻变化的主角。

今天摆在我们面前的新挑战很可能需要我们对世界思维方式的另一种范式转变。也许，随着希格斯玻色子的发现，这一切已经开始了。也许在几年后，人类将能够进一步加速其进程，开发出今天无法想象的技术。

要在物理学上实现一场新的概念革命，我不知道需要多长时间，也许几十年，也许更久。但我相信起点将是新一代的年轻科学家——新鲜、勇敢的头脑渴望向世界证明，他们可以在前几代人失败的地方取得成功。

我们很幸运地生活在这样一个国家，一切都很好，良好的条件允许优秀的年轻人献身研究，以取得卓越的成就——有高能物理方面的伟大传统，一些优秀的大学，一个高效的研究机构，以意大利国家核物理研究院这样的机构为基础，其实验室和基础设施令全世界羡慕不已。

我只希望，一些读者读完这本书后，想要开始一场冒险，这可能会永远改变他们的生活，或许也会永远改变我们所有人的生活。

致谢

首先，我要感谢这场冒险的伙伴：法比奥拉·贾诺蒂、米歇尔·德拉·内格拉、彼得·詹尼、吉姆·维尔迪、乔·因坎德拉、塞尔吉奥·贝托鲁奇和罗尔夫·赫尔，我与他们共享了这次奇妙冒险的所有体验。特别感谢乔治·布里安蒂、林恩·埃文斯、史蒂夫·迈尔斯、卢西奥·罗西、罗伯特·萨班和数百位保证大型强子对撞机出色运行的物理学家和工程师。

我还要感谢与我合作多年的紧凑渺子线圈项目的许多朋友：阿兰·埃尔韦、奥斯丁·鲍尔、塞尔吉奥·奇多林、法布里齐奥·加斯帕里尼、伊戈尔·科洛姆纳、丹·格林、丹尼尔·德内格里、特里萨·罗德里戈、阿尔伯特·德·罗克、吉吉·罗兰迪、博阿兹·克利马、维韦克·夏尔马、詹尼·祖梅尔、里诺·卡斯塔尔迪、玛塞拉·迪耶莫兹、翁贝托·多塞利、埃托尔·福卡迪、克里斯蒂·阿斯波拉以及娜塔莉·布雷斯·格里格斯。

我要感谢多年来遇到的所有人，特别是那些留下如此深刻的印记，以至于他们已经成为这个故事的主角的人：

卡罗·鲁比亚、赫拉尔杜斯·霍夫特、约翰·埃利斯、丁肇中、卢西亚诺·马亚尼、吴秀兰、马克·特隆凯蒂·普罗维拉、皮耶罗·卢基尼、乔瓦尼·拉霍洛、何塞·加布里埃尔·富内斯以及盖伊·康索马格诺。

对于弗朗索瓦·恩格勒和彼得·希格斯而言，如果没有他们的直觉，本书中所讲的一切都不可能发生。在此，我还想拥抱来自超环面仪器和紧凑渺子线圈两个项目的数百名年轻人，他们为这一发现做出了难以想象的努力。

最后，感谢所有鼓励我写下这本书的人，首先是我的终身伴侣卢恰娜，然后是阿米尔·阿克塞尔、桑德罗·加尔泽拉、吉安·弗朗切斯科·朱迪切和安德烈·帕兰杰利。

最后，向三个真正的特殊人物致以特殊的怀念，他们在这个故事中扮演了重要角色，却在最近离开了我们：彼得·夏普、埃米利奥·毕加索和洛伦佐·福阿。

图书在版编目（CIP）数据

宇宙的不完美进化 /（意）圭多・托内利著；何皓婷译．-- 成都：四川文艺出版社，2022.1
ISBN 978-7-5411-6193-3

Ⅰ．①宇… Ⅱ．①圭… ②何… Ⅲ．①宇宙学—普及读物 Ⅳ．① P159-49

中国版本图书馆 CIP 数据核字 (2021) 第 219520 号

著作权合同登记号 图进字：21-2021-297

YUZHOU DE BUWANMEI JINHUA

宇宙的不完美进化

[意]圭多・托内利 著
何皓婷 译

出 品 人	张庆宁
出版统筹	刘运东
特约监制	吕中师
责任编辑	李国亮　孙晓萍
特约策划	吕中师
特约编辑	杜天梦　刘玉瑶
封面设计	卷帙设计
责任校对	汪　平

出版发行	四川文艺出版社（成都市槐树街2号）
网　址	www.scwys.com
电　话	010-85526620

印　刷	天津鑫旭阳印刷有限公司		
成品尺寸	145mm × 210mm	开　本	32开
印　张	8	字　数	230千字
版　次	2022年1月第一版	印　次	2022年1月第一次印刷
书　号	ISBN 978-7-5411-6193-3		
定　价	48.00元		